coleção primeiros passos 281

Kurt Kloetzel

O QUE É MEIO AMBIENTE

editora brasiliense

copyright © by Kurt Kloetzel, 1993
Nenhuma parte desta publicação pode ser gravada,
armazenada em sistemas eletrônicos, fotocopiada,
reproduzida por meios mecânicos ou outros quaisquer
sem autorização prévia do editor.

Primeira edição, 1993
2ª edição, 1994
5ª reimpressão, 2017

Preparação de originais: *Carlos Amaro*
Capa: *Luciano Pessoa*
Revisão: *Carmen T. S. Costa*
Diagramação: *Iago Sartini*

Dados Internacionais de Catalogação na Publicação (CIP)
(Câmara Brasileira do Livro, SP, Brasil)

Kloetzel, Kurt, 1922-
    O que é meio ambiente / Kurt Kloetzel. - -
São Paulo: Brasiliense, 1998. - - (Coleção Primeiros Passos; 281)

    1ª reimpr. da 2ª. ed. de 1994.
    ISBN 85-11-01281-8

    1. Ecologia2. Meio AmbienteI. Título II. Série

98-5320   CDD-304.2

Índices para catálogo sistemático:
1. Meio ambiente :304.2

editora brasiliense
Rua Antonio de Barros, 1720 – Bairro Tatuapé
CEP 03401-001 – São Paulo – SP – Fone 3062-2700
E-mail: contato@editorabrasiliense.com.br
www.editorabrasiliense.com.br

SUMÁRIO

I. Uma visão panorâmica 7
II. Nossa morada 14
III. Ultrajes à morada 24
IV. Temas muito atuais 44
V. Preservação ou desenvolvimento? 64
VI. Em busca de um meio-termo 80
Indicações para leitura 91
Sobre o autor 93

UMA VISÃO PANORÂMICA

Estou seguro de que para você a ecologia já é velha conhecida. (Pois de ecologista e de louco cada um de nós tem um pouco.) Seu chamado é irresistível; vemo-nos diante de uma mesa farta, que oferece um pouco de tudo: a novidade, o sensacionalismo, uma aconchegante ternura, o calafrio das catástrofes iminentes. Todos já participaram deste banquete; logo, tenho de concluir que a essa altura não me encontro diante de um auditório inteiramente despreparado.

Você já sabe bastante coisa: que meio ambiente diz respeito à ecologia e aos ecologistas, que se ocupa dos recursos naturais, da poluição, da preservação da fauna e da flora. Também já ouviu falar no *efeito estufa*, no *buraco de ozônio*, no risco dos pesticidas e, ultimamente, teve de conviver com esta coisa enigmática chamada *desenvolvimento sustentável*.

Para falar a verdade, você sabe até demais. No entanto, na falta de um roteiro, todos esses conhecimentos estão um tanto desorganizados em sua mente, numa confusão de fatos e conjeturas, ciência e mitos, razão e emocionalismo.

Permita-me, então, que o tome pela mão para que, juntos, possamos escalar o alto da montanha. Lá de cima a vista alcança longe, e se é verdade que não se distinguem bem os detalhes, o *conjunto*, em compensação, ganha realce. Isso reduz, é claro, o risco de a gente mais tarde se perder.

A primeira constatação a fazer é que ao falar do meio ambiente é preciso usar o plural. Pois o panorama a nossa frente é uma colcha de retalhos: no alto daquela árvore existe um ambiente, naquela escarpa íngreme existe outro; são mil meios ambientes distintos, cada qual habitado por plantas e animais que aí se sentem à vontade, mas, deslocados para outro lugar, estariam perdidos.

Observe bem o relevo da terra. Aquela montanha é a ruína de um velho vulcão, a planície a seus pés representa um antigo fundo de mar; a encosta, lá adiante, foi esculpida, milhões de anos atrás, por uma geleira. O meio ambiente é uma coisa viva, inconstante, sempre disposta a inovações.

Sua superfície — a própria atmosfera — foi refeita milhares de vezes, por força de fenômenos vulcânicos, o impacto de algum asteroide ou meteoro, o recuo ou avanço das geleiras, o vento, a água. Esta é a segunda constatação: não é só o homem que passa a esponja no passado. Não é só ele que violenta o ambiente: um único vulcão em atividade é capaz de lançar ao espaço mais poeira e gases que um milhão de veículos a motor. Também não fomos nós que inventamos o holocausto: pense apenas no que aconteceu aos dinossauros, recorde-se de tantas outras extinções em massa que aconteceram. (Sabe-se que 99,9% das espécies que alguma vez habitaram o planeta já desapareceram de vista.) Destruir e evoluir faz parte do mesmo processo.

Claro que não se pode acusar a natureza de ser perversa — perversidade é uma palavra inventada pelo homem. Se é verdade que os dinossauros desapareceram há 100 milhões de anos, o vazio foi aproveitado pelos mamíferos. Foi a fatalidade que o quis. No entanto, nenhum de nós, nem mesmo o filósofo, consegue contemplar com fatalismo o destino do *Homo sapiens*, mesmo porque está cansado de saber que, com exceção dos fenômenos cósmicos, contra os quais somos impotentes, agora é a própria humanidade que tem a batuta nas mãos. Com ela comandando a orquestra, o ritmo das mudanças ambientais se acelerou barbaramente.

Nada disso é novidade. Sabe-se que há parcos dois mil anos o trigo do Império Romano vinha de Norte da África, na ocasião uma região fértil e riquíssima. Em épocas mais recentes, a Grã-Bretanha ocultava-se debaixo de imponentes florestas de carvalho, mas, como a colonização do globo terrestre exigia embarcações, as matas foram sendo devastadas, para logo mais ficarem escassas. Porém deu-se um jeito: os mastros dos barcos a vela passaram a ser importados da América (e também o trigo não chegou a faltar) — naquele tempo ainda havia alternativas. Quando o clima esfriava, quando os campos esgotavam sua fertilidade, uma jazida chegava ao fim ou faltava água potável, as tribos simplesmente se punham a migrar para um ambiente mais favorável, como fazem os animais em estado selvagem, como o fazem até hoje os tuaregues da África, alguns beduínos.

Pois tudo isso mudou. Chegamos ao século XX e de repente nos damos conta de que o mundo encolheu. Não contamos mais com espaço para manobra, continentes a explorar, povos passivos e ingênuos a ponto de nos entregar suas terras e riquezas. Acabou-se a doce vida! O nômade é uma figura do passado. As populações cresceram, e muito. E com isso, não podendo mais trocar de ambiente, forçados a conviver com aquele que nos foi dado, passamos a observá-la com atenção redobrada. Nasceu, assim, a tão recente *consciência ecológica* — cuidar do meio ambiente passou a ser um imperativo categórico. Sem exagero, uma questão de vida ou morte.

São tantos os problemas neste planeta (da feroz abelha-africana à usina atômica, do ameaçado mico-leão ao efeito estufa) e tão frágeis as fronteiras entre países que, para encontrarmos soluções, é necessário um trabalho em conjunto, um esforço verdadeiramente transnacional. Pois o meio ambiente pertence à coletividade dos homens, das nações. Se hoje despejo meu lixo no terreno do vizinho, amanhã ele fará o mesmo comigo; logo, é preferível formarmos uma frente única. O mesmo princípio vale em nível internacional, no relacionamento entre nações, embora para nós, brasileiros, a perspectiva ainda pareça remota. Mas logo chegaremos lá, conforme demonstra uma recente nota de jornal:

"Chuva ácida

A quinta parte do Uruguai, uma superfície de 33 mil quilômetros quadrados, já está sendo afetada pela chuva ácida decorrente da Central Termoelétrica de Candiota. Um informe apresentado ao governo uruguaio por um grupo de cientistas denunciou a gravidade do problema, que alcançará níveis intoleráveis caso se efetive a ampliação da Central. Em Meio, na fronteira com o Brasil e a 40 quilômetros da Central, a acidez da água da chuva chegou a 3 pH, a mesma do vinagre".

Questões dessa natureza, se não forem resolvidas em conjunto, convidarão ao revide, igual à família do lote vizinho que, se eu ligar muito alto o aparelho de som, amanhã à noite me pagará na mesma moeda. Verdade que a chuva ácida é um problema de difícil solução, pois está em jogo o sacrossanto *desenvolvimento econômico*. Outras questões, não tão intimamente ligadas a interesses de grupos, podem ser liquidadas num abrir e fechar de olhos. A proteção ao elefante africano, por exemplo; bastou que as nações compradoras se decidissem a proibir a importação de marfim para que a caça cessasse.

Mas é preciso que os aficionados da natureza saibam que não basta amá-la; é preciso bem mais que isso. Se comparecerem à arena municiados apenas de paixão, emoção, a derrota é garantida. Pois que o outro lado, o dos tais homens práticos, traz a tiracolo o argumento irretorquível do custo-benefício, uma questão de pura matemática à qual ninguém escapa. E assim também os ambientalistas têm de se compenetrar de que todo benefício tem como contrapartida determinado custo. (Se não me entendem, aguardem).

São dois extremos, separados por um fosso ideológico tão profundo, tão escuro como aquele do nacionalismo, do fanatismo religioso. Ambas as partes radicalizam: conforme a posição que você assume, ou o antagonista é um

O que é meio ambiente

vândalo, um insensível defensor do capitalismo selvagem, ou, então, uma criança sentimental, às voltas com uma delicada fase existencial.

Ambas as partes exageram. A preservação do meio ambiente não pode ficar na dependência do altruísmo, do sentimentalismo, mas da capacidade de sentir o futuro, o nosso e o das próximas gerações. O desenvolvimento econômico, por outro lado, não é necessariamente mau, subproduto da ganância; a espoliação nem sempre prova que vândalos andaram por perto, mas — quem sabe? — gente com muita fome.

Como os extremos não nos servem, ao procurar uma saída para este conflito somos forçados a buscar refúgio a meio caminho, este célebre meio-termo que na verdade é o nosso objetivo.

Este livro foi escrito à esteira da RIO-92, da ECO-92 (mais bem denominada II Conferência das Nações Unidas sobre o Meio Ambiente e Desenvolvimento), o que explica o destaque dado a determinados temas. Isso — mais a absoluta falta de espaço — me obrigou a passar ao largo de algumas questões de indiscutível importância, entre elas a ecologia social, a ecologia humana.

Eis aqui a prometida visão panorâmica.

NOSSA MORADA

Embora a distância não seja grande, *ecologia* e *meio ambiente* de forma alguma são sinônimos. A primeira, segundo uma definição que remonta a mais de um século, seria a "ciência da morada", a economia doméstica da natureza, por assim dizer. Seu objeto de estudo são as relações entre o organismo e seu hábitat.

Meio ambiente, por sua vez — ou, mais elegantemente, o *ecossistema* —, vem a ser a própria morada.

Compreende-se que este livro terá de tratar de ambos os aspectos. Embora seja dada maior ênfase ao ecossistema dentro do qual você e eu passamos nossas vidas,

O que é meio ambiente 15

existem, como já foi dito, centenas, milhares de outros ecossistemas, cada qual com seus habitantes. Se para mim é o ambiente urbano que conta, o matuto do Nordeste se dá melhor na caatinga ou no sertão, onde, em vez da poluição, do trânsito ou da violência, ele se vê às voltas com a seca, o solo infértil, as doenças endêmicas. O pequeno molusco conhecido por sururu tem como hábitat a lagoa do Mundaú, enquanto o palmiteiro se desenvolve melhor nas encostas da Mata Atlântica. Por outro lado, há espécies cujo ecossistema caberia na palma de minha mão, a exemplo daquela vespinha cujo universo se resume à cavidade interna do figo comestível, por cuja reprodução é responsável. Pode-se falar mesmo numa autoecologia, as relações do ser vivo com seu próprio organismo, seus parasitas intestinais, por exemplo.

Equilíbrio e desequilíbrio

Ao referir-se à natureza, os gregos de antigamente tratavam-na por Gaia, nome carinhoso dado a um ser vivo, palpitante e, acima de tudo, atuante. Em Gaia se podia confiar, pois que ela zelava pelo bem-estar de seus afilhados, cuidando para que as coisas não saíssem dos eixos. Eis que em 1979 o cientista Lovelock retoma ao mito original e durante alguns anos sua hipótese Gaia despertou o entusiasmo das pessoas mais imaginativas. Pintava-lhes um superorganismo formado pela totalidade das plantas e dos animais, da insignificante alga ao altivo elefante, e com capacidade de controlar o ambiente conforme as necessidades, de maneira que o equilíbrio jamais fosse rompido.

De fato, considerado em seu conjunto — e isso é muito importante! — ao longo de um reduzido intervalo de tempo, o meio ambiente mantém um admirável equilíbrio. Examinemos, por exemplo, o ciclo do carbono: a cada ano — se for calculada a respiração das plantas e do solo, bem como a difusão a partir dos oceanos — cerca de 200 bilhões de toneladas de gás carbônico são liberados para a atmosfera, ao mesmo tempo em que uma quantidade praticamente igual é de novo absorvida. De sorte que uma análise do CO_2 atmosférico, feita ao longo de alguns meses (notem bem: *alguns meses!*), revelará um equilíbrio bem razoável, o mesmo ocorrendo com o ciclo do nitrogênio, do enxofre, do fósforo e assim por diante.

Ao que parece, Gaia é uma dona de casa exemplar, capaz até da proeza de fazer vingar sobre o solo paupérrimo da Amazônia uma exuberante floresta tropical. Como é que consegue?

Em parte, o processo não depende da fertilidade do solo, pois que as partes aéreas da floresta absorvem o CO_2 para a fotossíntese, o oxigênio para a respiração (a luz solar faz o resto), enquanto as raízes da planta, por sua vez, recuperam a água perdida pela transpiração. Isso, porém, não basta: faltam-lhe, ainda, os sais minerais, o nitrogênio e alguns outros elementos químicos, bastante escassos nesse tipo de terreno. De onde vêm eles?

A floresta também se alimenta de si própria, das folhas que tombam, das flores, dos frutos maduros que, apodrecendo, são novamente transformados em alimento para as raízes, uma tarefa que corre por conta dos micro-organismos, dos vermes e dos insetos. Isso explica como uma delgada camada de húmus — não mais de dez centímetros — se mostra capaz de sustentar tamanha riqueza.

Se estudarmos a *cadeia alimentar* dos animais, veremos que ela às vezes é bem complexa, numa alternância de agressor e agredido. Cada ser vivo tem a sua presa preferida, começando com a mais humilde alga do oceano, progredindo em seguida para o peixinho, o peixão, a gaivota ou o leão-marinho. Mesmo este último, situado no topo da cadeia, não é eterno: seus dejetos fertilizam os oceanos, seus restos mortais, por fim, vêm juntar-se ao grande caldeirão do qual Gaia tira suas criaturas.

Às vezes Gaia mostra-se também um tanto desleixada, deixando um dos quartos sem arrumar. Lá vem a enxurrada, o rio transborda seu leito, o barranco despenca, levando consigo sua porção de floresta, árvores, húmus e tudo — a morada ficou alterada! Mas isso é apenas um detalhe: considerado em seu conjunto, o equilíbrio se mantém intacto, pois, logo mais adiante, as águas depositam o sedimento, novo barranco se ergue, nova mata se inicia.

Quando ameaça um desequilíbrio, trata-se de uma coisa fugaz: uma banal *flutuação*, um passageiro desvio da normalidade. Como se sabe, há anos de muito pernilongo, de muita mosca e até ocasiões em que nuvens de gafanhotos acabam com toda uma safra. Decorrido o transtorno, frequentemente causado por alterações meteorológicas, o equilíbrio logo se restabelece.

Isso quando a natureza é examinada em câmara lenta; no entanto, ao acelerarmos o filme, focalizando assim um tempo mais dilatado, nos sentiremos como o passageiro que, de sua cômoda cabina de transatlântico, subitamente olha para fora e percebe o navio em movimento. Nessa nova escala de tempo, o clima não é mais o mesmo, o dióxido de carbono se elevou um tanto, o próprio perfil do terreno se tornou irreconhecível. A longo prazo, o equilíbrio é uma ilusão; existe, por exemplo, uma clara evidência de que na última era glacial, de 20 mil a 12 mil anos atrás, a Amazônia não consistia em florestas úmidas, mas em caatinga ou campo aberto, aqui e ali interrompidos por ilhotas de vegetação mais rica. Conclui-se, é claro, que também o meio ambiente só é eterno enquanto dura.

O que é meio ambiente 19

A curto prazo (em termos de idade da Terra, é lógico), porém, o equilíbrio da natureza é admirável. Vez por outra, a cadeia alimentar é perturbada, escasseiam as algas, cai o número de peixes, por fim até as gaivotas vêm a sofrer. Trata-se, porém, de uma mera flutuação — logo mais tudo volta ao normal. A longo prazo, no entanto, já não é assim, haja vista o que aconteceu aos grandes répteis, uns 100 milhões de anos atrás, ou, então, a catástrofe de maior vulto ainda, na era do permiano, há 240 milhões. Com ela acabaram-se mais de 80% das espécies de animais marinhos, o que vem a demonstrar que a natureza tem horror à estagnação. Onde antes havia floresta, nasce a estepe, no lugar da estepe surge uma geleira — para depois começar tudo de novo.

Gaia tem suas brincadeiras macabras: um lago na República dos Camarões, antiga cratera de vulcão, desprende uma nuvem de dióxido de carbono e mata 1.700 pessoas, 3 mil cabeças de gado; em abril de 1991 um tufão em Bangladesh ceifa nada menos que 100 mil vidas humanas; no México, o vulcão conhecido por El Chichon volta à atividade e despeja no ar um volume tal de ácido sulfúrico que levará anos para se precipitar; a cada dois ou três anos o mundo se dá conta de que El Niño está de volta: uma corrente marítima quente, nas costas do Equador e do Peru, capaz de arruinar a indústria da pesca, aprofundar a seca ao sul do Saara, trazer enchentes ao Vale do Itajaí.

Não obstante o drama e o sofrimento que os acompanham, é provável que, a médio prazo, desastres dessa natureza não cheguem a afetar sensivelmente o equilíbrio do planeta.

Entra em cena o *Homo sapiens*

A continuação vocês já conhecem: com a chegada do homem, as mudanças ambientais se aceleraram — e muito! Embora, conforme foi visto, não tenha sido ele quem inventou a extinção das espécies, a transformação do relevo terrestre ou mesmo a poluição, ano após ano a pergunta é mais insistente: o equilíbrio ainda poderá ser restituído?

Eis o homem na Amazônia, cortando a mata, visando plantar um pasto, uma horta em seu lugar. Logo mais aprenderá uma lição amarga: uma vez retirada a cobertura vegetal, o solo superficial à custa do qual os nutrientes voltam a ser incorporados à cadeia alimentar, e alguns aninhos depois nem mesmo um ralo pasto de capim restará em pé. Para completar, chuvas torrenciais levarão consigo o pouco húmus que sobra, abrirão fendas, sulcos. O sol causticante se encarregará do resto, transformando a terra numa carapaça vermelha, impenetrável, inteiramente estéril. Trata-se da *laterita* — boa parte do cinturão tropical de nosso planeta já foi tomada por ela.

O que é meio ambiente 21

É bem verdade que existe uma legislação e que, em atenção a ela, parte das reservas florestais é poupada do machado. No entanto, é mais do que certo que muitas dessas reservas são reduzidas demais, não conseguindo, assim, sustentar a riqueza da fauna e da flora, que, como nós, precisam de espaço. É uma questão que está sendo estudada com muito empenho, visando determinar o tamanho crítico mínimo de uma "ilha" de floresta tropical. Nenhuma planta, nenhum animal se basta a si próprio; assim como o figo precisa da vespa e vice-versa, o palmiteiro, por exemplo, só deixará descendentes se suas sementes forem amplamente disseminadas pelo terreno, sendo preciso para isso que por perto haja aves que se alimentem dos frutos da palmeira. Mas conseguirá o jacu, o tucano, a araponga sobreviver nas pequenas manchas de floresta que ainda restam? — é uma pergunta em busca de resposta.

Tão íntimas são as relações entre os organismos de um mesmo ecossistema, tão delicado o equilíbrio, que mexer com um significa mexer com todos. Percebam, por exemplo, o que aconteceu numa dessas manchas de floresta amazônica após o desaparecimento dos bandos de pecari, que, dada a escassez de alimento, foram forçados a migrar: a extinção de dez espécies diferentes de sapo! Mas que estranho laço é este que liga os destinos do sapo amazônico ao do porco-do-mato? A resposta deve ter sido suada, mas por fim descobriu-se que é nas poças de água, nas depressões deixadas pelo pecari ao chafurdar em busca de comida, que se faz a desova dos batráquios!

A preocupação com o meio ambiente não começou pela Amazônia, mas em terras mais distantes, latitudes mais frias. O alerta foi dado em 1962, quando Rachel Carson, bióloga americana, veio a público com o livro que logo mais correria o mundo, *A primavera silenciosa* (alusão ao canto dos pássaros, a cada ano mais escassos). Foi ele que inaugurou os protestos contra o uso abusivo dos pesticidas, o DDT em particular, visto que ficou provado que esse produto, a essas alturas já incorporado à cadeia alimentar, reduzia a natalidade das aves em geral. Na presença do DDT, os ovos se tornam frágeis, quebram-se com facilidade; assim, centenas de milhares de filhotes jamais chegam a ver a luz do dia.

Não faltam exemplos para demonstrar que mexer com o meio ambiente é sempre arriscado. Ameaçadas estão as manadas de *caribous* (uma espécie de rena), tão necessárias para a vida dos esquimós, depois que sua anual migração em busca de pasto verde foi esbarrar nos obstáculos do arame farpado, dos oleodutos que atravessam o Alasca e o Canadá. Exemplo ainda mais célebre de interferência humana remonta ao século passado, tendo como palco a Austrália. Eis que um colono inglês, saudoso talvez de sua

O que é meio ambiente 23

terra natal, decidiu trazer a lebre europeia para sua nova morada. Ali o animal se deu tão bem, seu número cresceu a tal ponto (de 24 exemplares para 300 milhões!), que logo virou praga, competindo até com a própria ovelha pelo uso das pastagens. Ato contínuo, as autoridades foram chamadas a intervir, até que, em desespero de causa, viram-se reduzidas a importar uma doença, a mixomatose, para dar conta do hóspede indesejável.

Incontáveis exemplos poderiam ser citados. Mas a preocupação com o meio ambiente atingiu seu auge com o efeito estufa, depois que se constatou que, não obstante as aparências, o ciclo do carbono não estava em equilíbrio, que no fim de cada ano restava um saldo de 3 bilhões de toneladas, que se juntava à atmosfera, que ameaçava o clima, de maneira provavelmente irreversível.

Saberá Gaia reparar mais esse estrago?

ULTRAJES À MORADA

Existem três tipos de ultraje ao meio ambiente: o furto de suas riquezas; a poluição do ar, da água e do solo; e as alterações de sua topografia. Há mil maneiras de pecar, todas elas em largo uso.

O ambiente espoliado

Roubar do ambiente os recursos naturais deve ter sido o mais antigo dos ultrajes, dele resultando a escassez de alimento, de matéria-prima e até de espaço. Um dos episódios mais notórios nos registros desse tipo de crime é o caso daquela ave desengonçada apelidada de *dodô*. É uma história assaz triste, que se inicia em 1598, quando o dodô foi primeiro identificado num grupo de ilhas do oceano índico (Maurício, Reunião, Rodriguez), e termina, decorrido menos de um século, quando foi visto o último exemplar. Está tudo muito bem documentado.

Dodô, ave identificada em 1598 num grupo de ilhas do Oceano Índico e extinta em menos de um século.

Conforme demonstra a figura, era um animal de aspecto grotesco. Decerto também seu comportamento fosse um tanto cômico e os portugueses tivessem lá suas razões para o apelido (dodô deriva de *doudo*, ou doido, caso você ainda não tenha percebido). Sem defesa contra inimigos, não aprendeu a voar, nem sequer sabia fugir na corrida. Fazia seus ninhos direto no chão, visto que as copas das árvores lhe eram inacessíveis. Só mesmo nesse gênero de hábitat, sem concorrentes por perto, conseguiria o dodô sobreviver.

A essa altura entram em cena as naus portuguesas, em busca de abrigo e água fresca — daqui para a frente as três ilhas serão conhecidas por "As Mascarenhas". A seguir, uma delas será redescoberta pelos holandeses, e estes, querendo homenagear Maurício de Nassau, deram-lhe seu presente nome. De Maurício fizeram uma base naval, e lá assentaram os primeiros colonos.

O dodô era maior que um peru, daí ter passado a entrar no cardápio, tanto dos colonos como das tripulações. Os holandeses também trouxeram seus cães, bem como — em forma de clandestinos, é lógico — alguns ratos. Iniciou-se, assim, uma catástrofe ecológica: cães e ratos puseram-se a campo, passando a devastar os ninhos dos dodôs, seus ovos e filhotes. Incapaz de perpetuar a espécie, a ave foi se acabando; e o último exemplar foi visto em 1681. (Não tardou que a história se repetisse nas outras duas ilhas).

Como se vê, a ruptura do equilíbrio natural não se deu por acaso nem por decorrência do vandalismo; tratou-se, isso sim, de um desses episódios que se multiplicarão ao

O que é meio ambiente 27

longo dos séculos: uma disputa do tipo Gaia *versus* desenvolvimento econômico. Processo igual àquele do bisão-americano, sumariamente executado entre 1871 e 1885, nas mãos de caçadores profissionais, entre eles o célebre Buffalo Bill. É bem verdade que nos jardins zoológicos e parques nacionais ainda restam alguns exemplares desse búfalo, patéticos remanescentes das enormes manadas que outrora povoavam as planícies da América do Norte — uma população estimada em 10 milhões de cabeças. Com sua carne, seu couro, garantiam o bem-estar dos peles-vermelhas.

Mais uma vez, era o interesse econômico que trazia o dedo no gatilho, muito em especial a United Pacific Railway, decidida a ligar o Pacífico ao Atlântico através de seus trilhos de ferro. Tudo bem, os trabalhadores da empresa precisavam de carne, o que, no entanto, ainda não explica as pilhas de búfalos que apodreciam na pradaria. E também, detrás da carnificina, motivos sinistros se escondiam: tirar o sustento das tribos indígenas, que, mais que naturalmente, resistiam à invasão de suas terras pelo cavalo de ferro.

A escassez acompanhou o homem ao longo de toda a sua história, no rastro das guerras, das pragas, das catástrofes climáticas. No século XX, porém, ela assume contornos ainda mais assustadores, já que as populações atingem cifras inéditas.

"Pesca industrial pode acabar com o bacalhau e o hadoque." Trata-se de uma manchete recente, devidamente explicada no texto: este ano não tem havido bacalhau nem hadoque nas águas do Reino Unido; a frota pesqueira da Islândia está parada por falta de peixe, e assim por diante. Concordo que o bacalhau não é artigo de primeira necessidade, no entanto acontece com ele o mesmo que com o resto da fauna marinha: serve de ilustração para uma longa série de desequilíbrios ambientais causados pelo homem, quando consome demais, ou quando não o advertem dos riscos de empregar instrumental sofisticado, no caso as quilométricas redes de espera, que capturam, cega, indiscriminadamente, tudo o que encontram em seu caminho, tenha ou não valor comercial.

Sabe-se que, a *cada dia que passa*, de cem a duzentas espécies de planta ou animal somem para sempre da superfície da Terra! Trata-se, em geral, de vítimas inocentes, que não fazem mal a ninguém, que não têm nenhuma serventia imediata, mas cuja falta um dia poderá vir a ser sentida. Populações inteiras de plantas são derrubadas pelo arado ou no decorrer de um desflorestamento mal planejado; a poluição faz incontáveis vítimas no reino dos insetos e outros invertebrados, e mesmo os animais maiores sofrem toda vez que seu hábitat é invadido pelo homem e suas máquinas, apresentando uma crescente dificuldade em preservar-se da extinção.

O bacalhau e o hadoque ainda podem ser salvos; se a pesca industrial for durante alguns anos desencorajada — ou, no pior dos casos, interditada —, as populações voltarão ao normal. Não é o que acontece com os *recursos de uma safra só*, os metais estratégicos, os combustíveis fósseis e mesmo, por estranho que pareça, a água.

Nada disso é novidade. Antes mesmo da crise de 1973, quando os preços explodiram e o mundo todo subitamente se apavorou, já se sabia que as reservas de petróleo, carvão e gás natural tinham seus dias contados. Segundo estimativas recentes, o petróleo só dará para mais um século, aproximadamente; as minas de carvão ainda permanecerão abertas durante uns quinhentos, seiscentos anos. Se é verdade que para os metais contamos com o artifício da reciclagem (como atualmente se faz com o alumínio e alguns outros) ou sua substituição por um desses novos materiais sintéticos, para os combustíveis ainda não temos alternativas realistas. Embora se fale muito nas *fontes alternativas de energia*, sua ampla adoção requer vultosos investimentos. De resto, não podemos esquecer os eventuais riscos para o ambiente, a exemplo do que acontece com as usinas nucleares, até há bem pouco encaradas com grande otimismo.

Como o consumo dos recursos naturais tem aumentado em razão direta da população, está explicado por que se dá tanta ênfase ao controle da natalidade, toda vez que se realiza uma conferência de cúpula. Trata-se, é claro, de manobras para despistar.

É preciso notar que 80% do desmatamento não visa madeiras de lei, mas o banal combustível para a cozinha dos miseráveis — na África, na Ásia, cada palmo de terra, cada graveto é disputado. Assim também é de acreditar que a escassez do sururu do Nordeste, o declínio das tartarugas da amazônia, têm como causa a falta de outras opções alimentares.

Mas a "explosão populacional" certamente não é a responsável pela falta do salmão ou do bacalhau, comida de rico. Nem é preciso ser grande erudito para perceber que são justamente os países que, em termos de população, já atingiram o equilíbrio os que mais consomem. Está comprovado que os países pobres — isto é, 75% da população mundial — consomem menos de 10% do papel, do aço e da energia. Se formos comparar os Estados Unidos, com 5% da população, e a índia, com 16%, veremos que o consumo de energia — logo, também a poluição ambiental — é de, respectivamente; 25% e escassos 3%!

A essa altura é possível que algum leitor comece a se inquietar, a questionar: mas onde foi parar a lei do velho Lavoisier? Pois ainda recordamos que neste mundo nada se perde, nada se ganha. Assim, se as reservas de alumínio

O que é meio ambiente 31

terão de ser tratadas com todo o respeito, não é que o alumínio tenha acabado, mas simplesmente se transformado em aviões, panelas ou latas de cerveja. Mas o leitor poderá tranquilizar-se: a lei de Lavoisier vale, também, para o ciclo do carbono. O dióxido de carbono liberado pelo uso dos combustíveis é em parte aproveitado pelas plantas, em parte absorvido pelos mares, sem deixar saldo no balancete. Mais cedo ou mais tarde reaparecerá em forma de carvão, petróleo ou gás combustível. Com um único senão: num ritmo cem mil vezes mais vagaroso!

Esse leitor perspicaz também não entenderá como é possível haver escassez de água. Não é verdade que todo esse vapor de água acumulado na atmosfera um dia fatalmente retomará à Terra?

A escassez de água

É lógico que estamos falando de *água doce*, de água potável. Tão preciosa se revela essa pequena fração — mero 1 % do total — que a ameaça de uma escassez faz estourar disputas entre nações vizinhas. Estamos às voltas com uma legítima questão de geopolítica, haja vista o choque de interesses entre os EUA e o México no tocante às águas do rio Colorado, as permanentes querelas entre Israel e os países que o circundam.

A água revelou-se, sem exagero algum, matéria-prima estratégica, seja para os domicílios, seja para o desenvolvimento industrial. Quanto aos primeiros, cada habitante da Terra requer, em média, trinta metros cúbicos por ano. (Também aqui a partilha é um tanto injusta, pois os países ricos mostram maior prodigalidade no uso dos recursos hídricos.) Mais de 70% do total do consumo destina-se à irrigação, o que também explica por que o americano gasta setenta vezes mais água que o cidadão de Gana, país de agricultura rudimentar.

Para melhor compreender a questão: o que conta não é o volume total de água potável disponível em um país, mas sua *distribuição* pelos diferentes ecossistemas. Pois é bem possível que, ao mesmo tempo em que determinada região se encontre nas garras da terrível seca, logo adiante chuvas torrenciais despenquem numa área que para ela não encontra a menor serventia. (Tais problemas, como se sabe, não são excepcionais no Brasil.) Por outro lado, o transporte de água de um lugar para o outro é bastante oneroso — embora conste que a Arábia Saudita está acostumada a importá-la em grandes navios-tanque.

A par dos caprichos, dos imprevistos que o clima nos reserva (e que temos de aturar com muito fatalismo), existe ainda o efeito homem, este inteiramente previsível, logo, evitável. A importância desse tipo de atentado ao meio ambiente não deve ser subestimada. O desequilíbrio no regime de chuvas, que é sua forma mais comum, é, muitas vezes, o efeito do mau manejo da terra, sobretudo o desmatamento; se este não for adequadamente vigiado, a desertificação, já vista em certas regiões brasileiras — felizmente em escala reduzida —, só tenderá a aumentar. Seu mecanismo é simples: onde não há mata, não há evaporação; logo, não se formam nuvens; onde não há nuvens, não cai chuva — é um ciclo vicioso que se fecha com o aparecimento de uma terra árida, desprovida de vegetação.

O desmatamento é particularmente trágico quando envolve as cabeceiras ou as margens dos rios. Pois as águas de chuva, incapazes de infiltrar-se no solo compacto, escoam para o rio, por fim vêm terminar no mar, sem benefício para quem quer que seja. Com o aumento do fluxo dos cursos d'água, cresce a erosão das margens, inicia-se o assoreamento do leito e da própria plataforma marinha.

Também a água subterrânea, aquela armazenada nos aquíferos, toma parte nessa tragédia. De tanto consumir a reserva de seu subsolo — as tristes ruínas dos lagos que outrora rodeavam Tenochtitlan, a orgulhosa capital do império dos astecas — a cidade do México está afundando lentamente, processo que só se interromperá com a exaustão do lençol freático. Mais para o norte, no Texas, no Arizona, no Kansas, a agricultura intensiva igualmente paga tributo pesado, com o iminente esgotamento das reservas subterrâneas. Na Califórnia, por outro lado, já se está investindo em usinas de dessalinização da água do mar, além do que algumas municipalidades tiveram de impor severas medidas de economia, tais como o racionamento da água para a horticultura e a obrigatoriedade de caixas de descarga de baixo volume, as *low-flow toilets*!

O ambiente ofendido

Ocupemo-nos, agora, não mais daquilo que é *subtraído* ao meio ambiente, mas daquilo que lhe é *acrescentado*: a *poluição*. E isso num estilo bem pouco usual, pois que principia com o que podemos chamar "poluição por seres vivos", isto é, a introdução de plantas ou animais estranhos a determinado ecossistema, imprudência capaz de acabar com todo um tradicional equilíbrio ecológico. Importar porcos, cabras, ovelhas ou mesmo — inadvertidamente, é lógico — ratos para uma ilha oceânica, um ecossistema extremamente vulnerável, em pouco tempo dará cabo da flora e da fauna nativas, sobretudo das gaivotas e outras aves marinhas que aí constroem seus ninhos. (O exemplo da lebre australiana já foi visto anteriormente).

Essa poluição biológica nem sempre é fruto do acaso, do desleixo. Pois conhece-se também uma deliberada estratégia — o controle biológico das pragas — que, visando dar combate a plantas ou animais nocivos à agricultura,

O que é meio ambiente

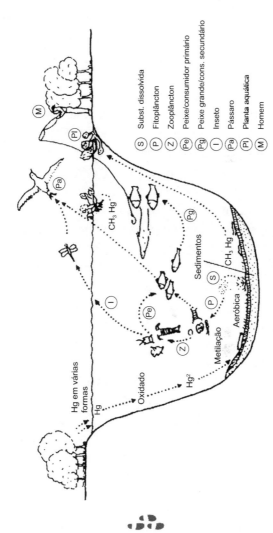

Fonte: CETEM

traz para o campo de cultivo outros organismos, inimigos naturais dos anteriores. Uma intervenção desse tipo terá de cercar-se de muitos cuidados, sob pena de resultados imprevistos. Algum descuido e corremos o risco de o predador — seja ele uma bactéria, um fungo, seja um inseto — se dar tão bem em seu novo hábitat que daí a pouco seremos obrigados a concluir que a emenda foi pior que o soneto, que acabamos de apadrinhar uma nova praga.

O capítulo da *poluição hídrica*, quer da água superficial, quer da subterrânea, já é conhecido de todos. Já fomos devidamente informados da situação crítica dos grandes centros urbanos, como é preciso ir cada vez mais longe para abastecê-las com água não contaminada por esgotos domésticos ou efluentes de indústria. Logo, não tenho de insistir nesse ponto. É preciso notar, todavia, que não apenas os centros urbanos podem trazer a poluição, mas também as plantações, mesmo as pastagens.

Os assim chamados "defensivos agrícolas", por exemplo, quando empregados com desmazelo, podem contaminar uma barragem ou um curso de água, com graves efeitos sobre a vida aquática. De resto, a própria adubação do solo encerra seus riscos ambientais, como é o caso, entre outros, da ureia, adubo sintético por vezes de uso obrigatório, mas que em questão de horas acabará envenenando todo um tanque de peixes, se a enxurrada levá-la para lá. Embora

O que é meio ambiente 37

constituintes naturais do solo, os nitratos e os fosfatos podem ser igualmente tóxicos se sua concentração na água for elevada, não só em razão dos adubos industriais, mas através da contaminação por urina e fezes do gado (no caso de haver pastagens ou estábulos por perto). Com tamanha quantidade de fertilizantes, não é de estranhar a proliferação de uma exuberante flora de algas que, por sua vez, se utiliza de tanta luz solar, de tanto oxigênio, que a sobrevida dos demais seres se vê prejudicada. (É um processo que leva o nome de *eutrofização*).

Vez por outra o mundo é surpreendido com o aparecimento de uma até então inédita catástrofe ambiental, como foi o caso do desastre ocorrido, quarenta anos atrás, na baía de Minamata, Japão. Tendo causado a morte de quatrocentos pescadores e outras pessoas que se alimentavam do pescado da baía, finalmente pôde ser atribuída à contaminação pelo mercúrio lançado ao mar com os efluentes de certa indústria. A partir daí, a doença de Minamata foi identificada em diversas outras partes do globo, de onde se conclui que o recente alarde em torno da poluição no Recôncavo Baiano — ou o episódio não menos famoso dos garimpos de ouro da Amazônia — não é uma questão de mera fantasia.

Também os mares e oceanos (que, afinal, ocupam dois terços da extensão da Terra) podem ser envenenados.

Quando se fala nisso, a primeira coisa que vem à mente são os acidentes com os grandes petroleiros ou, então, o desastre ecológico desencadeado pela Guerra do Golfo. Mas não é bem assim: três quartas partes da poluição marinha, igual ao que acontece nos rios, se dão por meio de sedimentos ou pelos efluentes dos grandes centros industriais. Para os oceanos, ainda não se tornou problema de primeira grandeza; no caso dos mares fechados, porém, para o Mediterrâneo em particular, o impacto ambiental já se tornou motivo de muita preocupação.

Mudando de conversa: antes mesmo que se ouvisse falar no efeito estufa, a *poluição do ar* já era conhecida, comentada e temida. Ao contrário do efeito estufa, que tem origem a mais de 10 mil metros de altura, o fenômeno de importância mais imediata para a população, um legítimo problema de saúde pública, sempre foi a poluição ao nível do solo. As primeiras observações datam do começo do século passado, tendo como cenário as pedreiras, as galerias das minas de carvão. Com elas, abriram-se os primeiros capítulos no campo das *doenças do trabalho*, descrevendo os graves danos ao aparelho respiratório em decorrência da inalação do carvão ou do pó de sílica.

A seguir, as atenções voltaram-se para as cidades. Aqui não se tratava primordialmente de partículas sólidas em suspensão no ar, mas de gases, especificamente os produzidos

O *que é meio ambiente*

pela combustão da hulha (carvão de pedra), na indústria e nos lares. Deve-se a esse tipo de poluição a formação do *smog*, uma névoa densa e de triste fama que, nas épocas de maior concentração, é responsável por um considerável aumento na mortalidade por doenças pulmonares.

Atualmente, Londres e outras grandes cidades já conseguiram atenuar seus efeitos, embora vez por outra o fenômeno volte a ocorrer.

Fora algumas substâncias voláteis, a fumaça dos fornos, das caldeiras e das lareiras se compõe, principalmente, de óxidos de carbono, óxidos de nitrogênio, hidrocarbonetos e anidrido sulfuroso. Todos eles têm efeito nocivo sobre o ambiente, mas é o último, precursor do ácido sulfúrico, que mais preocupa, não só em razão dos efeitos sobre a saúde, mas por ser o responsável pela *chuva ácida*, culpada, entre outras coisas, pela crescente deterioração do tesouro artístico deixado através dos séculos. Quando se ouve falar que os templos da Grécia ou as catedrais da Itália correm sério risco, estejam certos de que a poluição do ar não pode ser inocentada.

Os escapamentos dos motores a explosão liberam o mesmo tipo de composto, embora em proporções um pouco diferentes. Logo, os riscos para o meio ambiente são mais acentuados nas grandes cidades do Primeiro Mundo. Por exemplo, tão catastrófica era a situação, anos atrás, em

Tóquio, que os guardas de trânsito periodicamente tinham de interromper seu trabalho para, durante alguns minutos, reconstituir-se com inalações de oxigênio puro.

Mas a história ainda não acabou. Em média, cada habitante da Terra é responsável por nada mais nada menos que 10 mil quilos de lixo ao ano. Daí que a *poluição do solo* tornou-se um parceiro natural do processo de desenvolvimento. Não é nada fácil livrar-se do lixo; a solução mais óbvia — ou seja, simplesmente queimá-lo — não satisfaz, pois equivale a despir um santo para vestir outro, transferir a poluição da terra para o ar. Por outro lado, a reciclagem do lixo, embora tecnologicamente viável, é tão cara que somente um país rico poderá sonhar com sua implantação em escala mais ampla. De resto, certos produtos, principalmente os sintéticos, ainda não contam com uma tecnologia apropriada para este fim.

A grande questão, porém, vem a ser o lixo atômico — todos querem vê-la o mais longe possível. Mesmo a África e a América Central, que até há pouco ainda se dispunham a abrigá-la em troca de alguns miúdos, já se veem em palpos de aranha com as organizações ambientalistas e não pretendem renovar tais transações. Não devemos nos surpreender, portanto, se daqui a pouco ouvirmos falar em *poluição do espaço*, uma perspectiva que não é mais ficção científica. Faz anos que se fala nisso, a exportação do lixo para o espaço sideral, devidamente embalado, é claro. Fazendo companhia aos milhares de pedaços de satélites, foguetes e naves espaciais já rodando à nossa volta, contribuirá para que um belo dia também o trânsito espacial vire um pesadelo.

O ambiente ferido

O meio ambiente é um descomunal castelo de cartas, frágil demais. Levou milhões de anos para ser construído, mas basta um piparote para fazê-lo vir abaixo. Mesmo o relevo de uma região, suas montanhas, seus vales, suas planícies, tidos como sólidos, imutáveis, tomam parte no castelo de cartas, num equilíbrio de rochas e de sedimento com o qual é arriscado mexer. Não é por acaso que o topo da montanha é de pedra: não tivesse ela a rocha para protegê-la, há tempos teria sucumbido à erosão pela água e pelos ventos. Também o curso de um rio representa uma solução viável, mas só enquanto não interferirem com ele. Se não lhe deixarem passagem desimpedida, seja porque a erosão trouxe o assoreamento do leito, seja porque fizeram dele depósito de resíduos de mineração ou outra sorte de lixo, o rio terá de buscar uma saída, um novo equilíbrio.

Os morros que cercam algumas de nossas cidades — Rio de Janeiro e Santos podem servir de modelo — já estão em situação de equilíbrio instável. Se ainda lhes puserem em cima o peso de centenas de casebres, se lhes escavarmos a superfície para fazer ruelas, valas, fossas ou hortas, como evitar futuros deslizamentos, a destruição da favela, a perda de vidas humanas?

Mal planejado, mal executado, um simples aterro de estrada irá dificultar o escoamento das águas de chuva; logo mais a baixada transforma-se em terreno pantanoso, alterando a flora, o próprio solo. (É por isso que cada novo traçado rodoviário conta — ou deveria contar — com assessoria de um ecologista.) Fenômeno semelhante poderá acontecer a uma grande barragem, como a de Aswan, no Egito, por exemplo, construída para represar quilômetros e quilômetros cúbicos de água.

Na disputa entre conservação do meio ambiente e desenvolvimento econômico nem sempre é possível, tranquilamente, tomar o partido da primeira. Ora, o bem-estar da população também deve merecer consideração. O que se pode fazer, isto sim, é insistir para que o impacto ambiental seja o mínimo possível e que, ao exame dos benefícios trazidos pela obra, a análise não fique somente no aspecto imediato. Mesmo a construção da represa de Aswan, tão dispendiosa e demorada, hoje em dia é seriamente questionada. Antes dela, o solo fértil trazido das montanhas depositava-se no vale do Nilo, que a ele devia sua fertilidade. Essa terra agora é retida no fundo do lago de Aswan, sem benefício para ninguém, em breve exigindo um esforço heroico para livrá-lo do lodo incômodo.

A criação de ovelhas, animal que, graças à sua dentição, está adaptado a um tipo extremamente ralo de pastagem, deixando em seu rastro uma terra devastada, muito contribuiu para que grandes extensões da Austrália virassem desertos. Também a agricultura tem seus exemplos desabonadores: embora o arado moderno seja uma das maiores invenções de todos os tempos, nem por isso está isento de riscos para o ambiente. Pois que, ao reduzir a consistência do solo, quebrando os torrões de terra e transformando-os em fina poeira, favorece a erosão. Nasce com o arado um grave problema para as regiões agrícolas: a perda de solo fértil, levado pelas águas, carregado nas asas do vento. Daí uma série de técnicas destinadas a minorar a erosão, como as fileiras de árvores para servir de barravento, as curvas de nível, a estratégia do plantio direto.

Um simples quebra-mar, com o objetivo de estabelecer um ancoradouro ou reduzir o impacto das ondas, pode desencadear um desequilíbrio ecológico; ao mesmo tempo em que protege alguns quilômetros de costa marítima, logo adiante expõe uma extensão pelo menos igual a toda a força do mar ou da correnteza.

Creio que não será preciso multiplicar os exemplos para deixar patente como é fácil fazer o castelo de cartas tombar.

IV
TEMAS MUITO ATUAIS

Recém-chegada ao discurso ecológico, uma série de tópicos merece um capítulo só seu. Aqui e ali, demonstram certa afinidade com a ficção científica, e as perspectivas que com eles se abrem são alarmantes. Por isso mesmo caíram nas boas graças da mídia, jornais, revistas e, como não podia deixar de ser, da TV mais descaradamente sensacionalista.

Uma dessas conjeturas — *o inverno nuclear* — felizmente caducou. Segundo previa, a poeira, a cinza e os gases despejados na atmosfera por uma guerra atômica seriam o bastante para mergulhar o planeta num longo e tenebroso inverno. Durante longos anos a radiação solar ver-se-ia bloqueada, acarretando uma catastrófica queda na produção agrícola, a fome em escala mundial.

Restam-nos outras preocupações. Bem mais plausíveis que a hipótese que acabei de mencionar, ainda assim não estão livres de controvérsias.

Chuva ácida

Os responsáveis por ela são o anidrido sulfuroso e os óxidos de nitrogênio produzidos durante a queima de combustível fóssil (embora quantidades menores provenham dos vulcões e das bactérias do solo). Absorvidos pelas gotículas de água que formam as nuvens, esses gases serão convertidos em ácidos sulfúrico e nítrico, finalmente vindo a precipitar-se em forma de chuva ácida.

Ela é a culpada pela corrosão do mármore dos monumentos e, num ritmo bem mais acelerado, pela morte das florestas temperadas do hemisfério norte, próximas às regiões mais industrializadas. As primeiras observações datam de 1980, começando pelas florestas de coníferas da Alemanha, seguidas pelas dos EUA.

Embora o responsável maior não tardasse a ser identificado, ainda se questiona se a chuva ácida é o único fator implicado na devastação dessas matas ou apenas um fator coadjuvante. Quanto à crescente acidez dos lagos e cursos d'água de muitas regiões, algumas delas — como o Canadá, a Suécia — distantes centenas de quilômetros das fontes da poluição, à medida que a poluição aumenta, deles desaparecem todas as formas de vida, animal ou vegetal.

Esse não é um panorama a ser encarado com fatalismo, porquanto já existe a tecnologia capaz de baixar as emissões tóxicas a níveis aceitáveis: os filtros, os lavadores, os precipitadores eletrostáticos. Com eles, consegue-se reduzir o anidrido sulfuroso a uns 20% do original, os óxidos de nitrogênio à metade.

Efeito estufa

O prognóstico é desolador: o planeta Terra, como que fechado em uma redoma de gases, fica a cada ano mais quente que no anterior. Em consequência, profundas modificações em todos os ecossistemas: florestas tropicais transformadas em desertos; tundras e estepes outrora desoladas milagrosamente recobertas por matas; cultivos arruinados, pastagens devastadas — fome por toda a parte.

Como se isso não bastasse, as calotas de gelo polar começariam a derreter-se, o nível dos mares a elevar-se — pouca coisa, um metro por década, ao que se estima! O suficiente, porém, para inundar cidades litorâneas como Nova York, Londres, Rio de Janeiro, inviabilizando a vida civilizada.

O que é meio ambiente 47

Em última análise, todos os fenômenos naturais começam com a energia solar — é ela que dá asas ao vento e volume à chuva, que nutre as plantas através da fotossíntese e que por meio das plantas torna viável a vida animal. Logo, é também do sol que dependem os combustíveis fósseis, formados a partir dos restos mortais das plantas e, ao que parece, animais marinhos. Dessa imensa quantidade de radiação que chega até nós, só uma pequena fração é utilizada, bem menos que 1 %. O resto volta para o espaço em forma de luz ou de calor, refletido como se fosse na superfície de um espelho. No fim das contas, foi assim que a Terra chegou a um equilíbrio térmico, o clima perfeito para uma civilização humana.

Porém esse equilíbrio térmico está periclitando, e só em tempos muito recentes tivemos a prova disso. Ano após ano torna-se mais reduzida a proporção de energia devolvida ao espaço, resultando numa lenta, mas progressiva elevação na coluna do termômetro. Pois que a camada de gases que se interpõe entre a Terra e a estratosfera ficou mais espessa, retardando o esfriamento da superfície, exatamente como acontece na cozinha com uma panela coberta por uma toalha.

Os gases implicados no efeito estufa são, principalmente, o dióxido de carbono, o metano e os clorofluorcarbonos (CFC), suas taxas demonstram persistente elevação. Os CFC, responsáveis por apenas um quinto do efeito estufa, são crias da era industrial, empregados na fabricação de plásticos, nos processos de refrigeração — geladeiras, ares-condicionados —, servindo como propelente de toda sorte de *sprays*. Quanto aos demais, com eles o homem sempre conviveu, sem eles a vida seria inconcebível. O metano (CH_4) é subproduto do processo de digestão da celulose, produzido em grandes quantidades pelos ruminantes e pelas colônias de cupins. No entanto, a maior fábrica de metano ainda são os pântanos, em razão da incessante fermentação de matéria orgânica. O dióxido de carbono (CO_2), por sua vez, possui um ciclo bastante complicado, participando de fenômenos tão variados como a respiração das plantas e dos animais, a construção e degradação das conchas dos moluscos, a formação das estalactites das cavernas de calcário e outros. Os próprios vulcões eliminam das entranhas da terra vastas quantidades de CO_2. A cada ano, o ciclo do carbono mobiliza cerca de 200 bilhões de toneladas métricas, ao mesmo tempo em que idêntica quantidade é de novo absorvida, num equilíbrio que, até algum tempo atrás, era dos mais perfeitos. A essa altura, entrou em cena a sociedade industrial, acrescentando outras 7 bilhões de toneladas. Embora pareça irrisório, foi o que bastou para abalar seriamente o equilíbrio do carbono.

O efeito estufa já fora previsto, há cerca de um século, por Arrhenius, químico sueco, porém só recentemente o mundo científico ficou sabendo que não se tratava de mera fantasia, eis que está perfeitamente demonstrado que, a partir do século passado, o nível dos oceanos efetivamente subiu um tanto, a temperatura da Terra de fato se elevou. Com isso, os profetas criaram coragem e vaticinam que até meados do século XXI o mundo experimentará uma elevação de temperatura, variando, conforme o tipo de cálculo, entre 1,5 e 5 graus centígrados, ao mesmo tempo em que os mares subirão 0,75 a 1,5 metros! (O efeito estufa não se manifestará de maneira uniforme, afetando, principalmente, as altas latitudes do hemisfério norte, a Rússia e o Canadá, por exemplo. Para eles, poderá até reverter em benefício, melhorando a produção agrícola).

Percebam que essas cifras contam com uma grande margem de insegurança, visto que, com relação a certos pormenores, ainda restam algumas indagações, como: visto que a elevação da temperatura fatalmente implica maior formação de nuvens, qual será o efeito destas sobre o efeito estufa? (Para alguns, elas teriam um papel regulador, reduzindo a chegada da radiação solar.) Outra questão muito debatida são os efeitos de altas taxas de CO_2 sobre o metabolismo das plantas. Para os otimistas, um elevado CO_2 serviria de impulso ao crescimento de matas e florestas, logo para uma maior fixação do gás, recurso empregado por Gaia para restituir o equilíbrio abalado.

As controvérsias não param por aí. Existem cientistas competentes que acreditam mesmo que tudo é alarmismo, que o efeito estufa não constitui um fenômeno inédito e forçosamente progressivo, que não passa de uma dessas periódicas *flutuações*, tão comuns na história do Universo: eras glaciais seguidas de calor, de clima tropical gradualmente substituído pelo frio. Não seria o atual mais um desses episódios, fugazes em termos de tempo geológico?

É forçoso dizer que essa escola não conta com muitos adeptos. A fim de evitar surpresas, o mais sensato é encarar o efeito estufa com muita seriedade. Não há, porém, motivo para pânico: ainda temos pela frente uns trinta, cinquenta anos até que a situação se torne realmente alarmante, o suficiente para que se tomem medidas preventivas.

Que medidas são essas? Embora as florestas tropicais ocupem lugar de destaque nas discussões, trata-se de mais uma dessas histórias malcontadas. Se é verdade que a metade do efeito estufa corre por conta do aumento de CO_2, três quartas partes deste provêm não do desmatamento, mas da queima de combustíveis fósseis. São estes, portanto, que se sentam no banco dos réus, que terão de ser vigiados.

As tão faladas *fontes alternativas de energia* — da energia solar aos modernos "moinhos" de vento, sem contar as usinas atômicas, ultimamente tão desacreditadas — visam, justamente, economizar petróleo e carvão. Também o uso de *combustíveis limpos* (o álcool, o gás natural) já seria um grande avanço: comparado com o petróleo, o álcool produz somente um quinto do CO_2, um décimo dos outros poluentes, não contendo partículas sólidas nem compostos tóxicos. Já que as reservas de combustível não são eternas, qualquer uma dessas alternativas se torna atraente. Como também ocorre, aliás, com uma última providência, tecnicamente viável, mas onerosa: a volta às estradas de ferro, ao transporte fluvial ou marítimo, 80% mais barato em termos de combustível.

O buraco de ozônio

No ano de 1985, aviões em voo sobre a Antártica constataram um fenômeno até então inédito: uma acentuada queda nos níveis de ozônio da estratosfera. Com o tempo, esse *buraco de ozônio* está crescendo, a queda na concentração do gás já atingindo os 50%. Inicialmente, o fenômeno se limitava ao hemisfério sul, sendo observado somente em determinada época do ano, a primavera. Com o passar do tempo o cenário se alterou, e em 1992 o buraco de ozônio foi constatado também no hemisfério norte, e isso no verão.

O ozônio é parente do oxigênio, mas, em vez de apenas dois, são três os átomos que formam sua molécula. Seus efeitos são múltiplos: no nível do solo, revelou-se poderoso irritante de mucosas; no nível da troposfera (abaixo dos 10 mil metros de altitude), contribui discretamente para o efeito estufa; no nível da estratosfera, porém, não é o excesso de ozônio que preocupa, mas a sua ausência.

Lá nas alturas ele é benéfico, pois serve como filtro das radiações ultravioleta emitidas pelo sol, perigosas para os seres vivos quando a exposição é prolongada.

Quanto à causa do desequilíbrio, atualmente foi confirmado que uma queda no ozônio invariavelmente é precedida por um aumento na concentração do cloro e de seus óxidos, prova inegável de uma relação de causa e efeito. Não há por que duvidar: o buraco de ozônio é, mais uma vez, um reflexo da civilização moderna, no caso, do emprego crescente dos compostos conhecidos por cloro-fluorcarbonos. Toda vez que o sistema de refrigeração de nossa geladeira apresenta um vazamento, toda vez que usamos um *spray*, na pintura ou como arma contra importunos insetos, estamos pecando contra o meio ambiente — e isso com a máxima inocência.

A coisa não está para brincadeira. Com o aumento da radiação ultravioleta, também crescerá o risco de catarata, dos diferentes tipos de câncer de pele. Além disso — como não é somente o ser humano que é sensível a esse tipo de radiação —, já se pode prever uma queda na produtividade agrícola e no rendimento da pesca oceânica.

O que é meio ambiente 53

No caso do ozônio, não contamos com um prazo de carência: mesmo que o uso dos clorofluorcarbonos possa ser, do dia para a noite, de todo interditado, seus efeitos se farão sentir durante uma década ou ainda mais. Tal constatação serviu para finalmente despertar as autoridades do costumeiro torpor toda vez que têm de enfrentar questões ambientais, de sorte que, em 1987, saíram-se com o Protocolo de Montreal, no qual solenemente se comprometeram a uma redução de 50% na produção dos CFC, meta esta a ser alcançada por volta de 1999 (isso a fim de dar tempo às indústrias para desenvolverem alternativas a esses produtos). Já não podendo repassar a culpa aos países em desenvolvimento, desta vez o Primeiro Mundo se viu obrigado a vestir a carapuça. Em pânico, ultimamente refez suas metas: a Alemanha se declarou pronta a parar com a fabricação dos CFC até 1995, e mesmo os EUA acreditam poder igualar essa façanha.

Nesse ínterim, salve-se quem puder. As regiões mais ao sul, em breve expostas ao buraco de ozônio, já iniciaram medidas preventivas. Assim, a população da Austrália e da Nova Zelândia foi advertida a evitar a exposição prolongada aos raios solares, fazendo uso de óculos escuros para se proteger da catarata. De resto, segundo consta, em Punta Arenas, sul do Chile, os pais seguram os filhos dentro de casa das 10 às 15 horas — e mesmo os treinos de futebol são reservados para o fim da tarde!

Destino das florestas tropicais

Afinal, por que tamanha celeuma em torno da floresta tropical? No caso particular da floresta amazônica, tão imenso é o manancial que ainda resta por explorar — para melhor poder avaliar, um quadrado com quase 3 mil quilômetros de lado! —, que decerto não parece tão premente deitar de lado o machado ou a serra mecanizada, não é mesmo?

De forma alguma! — a grita é geral. E, quando se busca o porquê da intocabilidade, a resposta vem em forma de uma avalancha de distintos argumentos.

- o equilíbrio climático;
- a preservação da biodiversidade (isto é, a floresta enquanto um banco de genes);
- a produção de oxigênio (a floresta vista como "pulmão do mundo");
- o efeito estufa;
- a fragilidade do solo;
- o respeito pela cultura indígena e até pela beleza natural.

A questão é complexa. Logo, vamos por partes. Para começar, as florestas tropicais não podem ser encaradas como "pulmão do mundo" mas, antes, como um "sumidouro" de dióxido de carbono. Isso porque a quantidade de CO_2 retirada por meio da fotossíntese é praticamente o dobro daquela liberada ao ar pela respiração das plantas. Daí o chavão: as florestas tropicais constituem nossa única salvação contra o efeito estufa!

O destino desse excedente de CO_2, aquele que *some* para dentro da planta, são os tecidos vegetais. Daí a conclusão (tão lógica que poucos se lembram dela) de que, uma vez cessado o crescimento, a planta perde quase por completo seu papel de sumidouro. Para completar o quadro, no caso de a mata ser derrubada e queimada, ou se uma árvore for abatida pelo vento, apodrecendo sobre o terreno, encontrar-nos-emos de volta à estaca zero: todo esse CO_2 será novamente liberado no ar.

Somente sob circunstâncias especiais serão duradouros os efeitos da fixação de CO_2; isso ocorrerá se os restos mortais da floresta forem soterrados em terrenos úmidos, pouco permeáveis ao ar. Nessa situação — e ao longo de milhões de anos —, novamente terão se transformado em combustível. Nesse dia tão distante estarão de volta à atmosfera, vomitados por fornos, fogões e turbinas — e outros engenhos ainda não inventados.

Torna-se claro, por conseguinte, que uma solução a longo prazo, considerada definitiva para o efeito estufa, não passa por aí — mesmo porque o desmatamento e a queima de florestas e pastos respondem, no máximo, por um quarto das emissões de CO_2!

Propostas mirabolantes têm sido apresentadas. Até por especialistas tidos como sérios, que sonham que países como o nosso comecem a plantar florestas de proporções gigantescas, com gabarito suficiente para absorver todo o excesso de CO_2 produzido no restante do globo. Feito o cálculo, vemos que não é mais do que um delírio, pois que o custo será algo assim como 200 bilhões de dólares, além de outro pequeno detalhe: para atingir a sonhada meta, será preciso ocupar aproximadamente 450 milhões de hectares, isto é, encontrar dentro do território nacional espaço para uma segunda Amazônia!

Mas os preservacionistas contam também com argumentos dos mais respeitáveis, entre eles o clima. A exemplo do que já tem acontecido em pequena escala, um desmatamento em proporções amplas devera afetar o regime de chuvas não só na cabeceira dos rios, mas em nível mundial. Embora as simulações matemáticas ainda deixem uma margem de dúvidas, sérias alterações podem ser previstas no tocante à circulação do ar nos dois hemisférios, bem como o resfriamento de regiões distantes dos trópicos. Com isso, a produção de alimentos fatalmente virá a sofrer.

A cobertura vegetal desempenha papel igualmente importante na proteção do solo, evitando a erosão e as alterações decorrentes da exposição ao sol causticante. Aqui não há necessidade de simulações no computador — basta

O que é meio ambiente   57

olhar à nossa volta e reparar nas cicatrizes do desenvolvimento sem rédeas, ler os relatos que tratam do triste destino de tantos "projetos de colonização".

Tudo isso é muito bonito, respondem-nos — criticar é fácil. O que queremos ver é como vocês vão se arrumar para reconciliar meio ambiente e pressão demográfica, esta última a clamar por terra, por empregos para uma população miserável. Realmente, vista por esse ângulo, a hipótese de uma floresta tropical deixada intocável é puro romance, coisa inteiramente inadmissível.

Como se vê, é preciso encontrar um meio-termo, soluções capazes de manter um equilíbrio entre posições extremas: de um lado, a integral preservação dos recursos naturais; do outro, o desenvolvimento a qualquer preço. Pois é claro que este último, em que pese seu interesse pelo social, representa uma fórmula demais imediatista, que dentro em pouco terá esgotado seus benefícios.

Felizmente o meio-termo existe, permitindo que as florestas tropicais sejam "manejadas" adequadamente. Sabe-se, por exemplo, que, na retirada de troncos de madeira de lei (que, na verdade, representam não mais de 2% a 10% da biomassa), as madeireiras comumente derrubam algo assim como metade da vegetação que fica ao redor, sem valor econômico algum. Com um pouco mais de respeito pela floresta — e a um custo um pouco mais elevado — faz-se um desmatamento *seletivo*, limitado às árvores de maior porte, permitindo a regeneração natural da reserva (é um exemplo do que se chama *desenvolvimento sustentável*).

Tampouco a agricultura ou a pecuária são totalmente inviáveis na Amazônia. Suas repercussões sobre o meio ambiente podem ser minimizadas, desde que se limitem aos terrenos de várzea ou, no caso da terra firme, se lance mão de técnicas apropriadas à conservação do solo. O que não se pode permitir, isto sim, é o uso irrefletido e desordenado do solo, para ser mais tarde, quando a primeira safra fracassar, abandonado à própria sorte.

Uma proposta que encantou muita gente foi a das *reservas extrativas* — e Chico Mendes pagou com a vida por defendê-las. A ideia é realmente excelente, uma vez que é baseada num cálculo muito fácil de acompanhar: cada hectare dedicado à exploração não destrutiva dos recursos naturais — borracha, castanha, essências etc. — traz um lucro quatro vezes maior que a mesma área utilizada para a criação de gado. No entanto, como a mão de obra ociosa é grande, a área disponível imensa, resta ver se haverá mercado para tanta produção.

Biodiversidade

Segundo recente inventário, a população da arara-azul-de-lear encontra-se reduzida a 61 exemplares! É um fato

O que é meio ambiente 59

deveras triste; estejam certos, porém, de que a questão da biodiversidade tem implicações bem mais amplas. A maior parte de nós só travou conhecimento com esse termo por ocasião da ECO-92, em que foi objeto de tantos e tão acalorados debates. (Isso faz suspeitar que a preocupação com a fauna e a flora não atende apenas a interesses sentimentais, não é mesmo?) Embora a biodiversidade do Cerrado brasileiro esteja mais de perto ameaçada, o centro de todas as atenções continuam sendo as florestas tropicais. Ou seja: ocupando meros 7% da superfície dos continentes, ainda assim compreendem mais da metade das espécies de plantas e animais. A maioria delas jamais foi estudada com maior atenção. Para falar a verdade, grande parte sequer foi classificada pelos biólogos. Tudo leva a crer, porém, que se trata de um manancial riquíssimo, capaz de oferecer grande número de novos remédios, materiais, alimentos.

Surge, a essa altura, uma indagação tão delicada que a ECO-92 não chegou a uma resposta convincente: a quem pertencerá essa riqueza, a quem caberá a patente por um dos novos produtos: à nação onde teve sua origem ou à empresa (geralmente estrangeira) que desenvolveu a tecnologia para sua exploração? É o caso concreto daquele colírio produzido pela Merck a partir de uma planta do Amazonas; trata-se de um exemplo frequentem ente citado, que traz em seu bojo uma pergunta bastante intrincada: quem deverá pagar *royalty* pelo medicamento? Além da utilização direta de produtos fornecidos pela fauna e pela flora nativas, a questão ainda tem uma segunda faceta: a biodiversidade encarada em termos de um *potencial*; para ser preciso, o meio ambiente sob aspecto de um imenso *banco genético*, preciosa reserva de genes capazes de melhoramento das espécies já utilizadas — ou mesmo de salvá-las da extinção, no caso de alguma emergência.

Não é difícil explicar: é sabido que a prática da monocultura, dependente de linhagens puras e aperfeiçoadas, é imensamente vulnerável a doenças, pragas. Ao surgir uma delas, é bem capaz de dizimar toda uma safra, acabar com toda uma espécie tão arduamente desenvolvida no laboratório de sementes. Ocorrendo tal acidente, só um cultivar novo, uma espécie selvagem, poderá recuperá-la, restituindo ao solo sua produtividade. A exemplo do que se passou com o trigo, o milho e outros cereais, que frequentemente foram melhorados graças ao cruzamento com seus humildes ancestrais, por sorte ainda encontrados em seu estado nativo.

Sem poder entrar em detalhes, existem duas maneiras de fabricar novas variedades (ou mesmo espécies) de plantas: a primeira usando as técnicas tradicionais do cruzamento, da hibridização; a outra lançando mão da *biotecnologia*, transferindo

O que é meio ambiente

pedaços de cromossomo, fabricando legítimos seres artificiais, um desses Frankensteins vegetais já encontráveis nas prateleiras dos supermercados.

Todos nós já tivemos pela frente uma dessas pessoas excêntricas que, imaginando que um dia poderão precisar, meticulosamente preservam toda sorte de quinquilharias — clipes ou pregos enferrujados, caixinhas, latinhas, pedaços de barbante, elásticos e tudo o mais. Seu exemplo merece ser imitado, pelo menos quanto às nossas relações com a natureza, zelando para que nada se perca. Reparem bem, não estamos falando da baleia-azul, da arara-azul-de-lear, do mico-leão, de alguma extravagante orquídea, criaturas que, por sorte, foram contempladas com as boas graças da imprensa ou da televisão. Ao defender a causa da biodiversidade, não podemos sucumbir ao apelo do sentimento, privilegiando este ou aquele. Do mais modesto besouro ao mais reles fungo, para todos eles há lugar na natureza, todos têm de ser respeitados não somente com vistas nos lucros imediatos ou em seu potencial mais remoto, mas porque fazem parte de um conjunto indissociável. Extinto o besouro, erradicado o fungo, outras espécies fatalmente se lhes seguirão.

Já faz tempo que determinadas instituições, temendo que alguma espécie valiosa se perca para sempre, começaram a investir em *bancos de sementes*. Lá, armazenado em condições especiais, encontra-se preservado o patrimônio genético de milhares de espécies de plantas.

Harmonizar biodiversidade e desenvolvimento econômico é perfeitamente possível, mas requer mil cautelas. Primeiro, é preciso saber qual proporção do ecossistema é preciso preservar, a área mínima compatível com a manutenção do equilíbrio ecológico. Trata-se de uma questão que requer muito profissionalismo, envolvendo o conhecimento da distribuição das diversas espécies. Pois mesmo uma mata à primeira vista homogênea pode reservar surpresas. Assim, encontra-se registrado o caso de um isolado topo de montanha dos Andes, cujo desmatamento resultou na definitiva extinção de mais de quarenta espécies de plantas nativas. (Percebe-se, agora, por que as reservas demais reduzidas, verdadeiras "ilhas" de ecossistema, podem ser desastrosas ao meio ambiente).

Esses são alguns dos grandes temas da atualidade ecológica. Podemos dar como certo, porém, que no futuro próximo outras preocupações virão juntar-se a eles. Embora ainda seja prematuro opinar a respeito, embora ainda constitua tema de infindável controvérsia, é possível que o caso dos *campos magnéticos* ainda dê muito que falar. De uns anos para cá foi dado o alerta por um grupo de pesquisadores americanos; segundo eles, as linhas de alta-tensão ofereceriam um grave risco ambiental, acarretando um

O que é meio ambiente 63

aumento na incidência de câncer entre aqueles que moram em suas proximidades. Outros cientistas, por seu turno, rejeitam tais conclusões.

E neste pé estamos — na primeira metade da década de 1990.

PRESERVAÇÃO OU DESENVOLVIMENTO?

Há exatos vinte anos realizou-se em Estocolmo a primeira Conferência Mundial sobre o Meio Ambiente e Desenvolvimento. A Guerra Fria estava no auge, um novo confronto — dessa vez com a colaboração do átomo — não podia ser descartado, e assim o mapa-múndi oferecia apenas duas opções: Ocidente e Oriente. De lá para cá muita água correu por baixo da ponte, e eis que agora, na ECO-92, são o Norte e o Sul que se confrontam, ideologicamente desarmados, mas nem por isso sem interesses estratégicos e econômicos. Duas são as vedetes na agenda: as alterações climáticas e a biodiversidade.

O que é meio ambiente 65

Entre 1972 e 1992 notou-se algum avanço na saúde do planeta Terra? Se houve, não deu para perceber: as matas continuam a ser derrubadas, queimadas; a poluição prossegue sua escalada; ano após ano são milhares de espécies que vão fazer companhia aos dinossauros; 500 milhões de toneladas de terra fértil são levadas pelo vento e pelas águas — algo assim como um quinto das terras cultiváveis. Um único tema — por sinal, a mais recente das questões ambientais — foi realmente enfrentado: o buraco de ozônio. Menos por dedicação do que por medo das consequências, é claro.

Diversos são os caminhos que levam à degradação de um ecossistema. Pode-se chegar a ela através da ignorância, desconhecendo que a menor de nossas ações pode ter impacto sobre o ambiente. Ou pela arrogância, atribuindo aos *outros* a obrigação de limpar os detritos, os descartáveis que deixamos atrás de nós. Há, também, os vândalos, os que apontam sua nova carabina para o primeiro vulto que surge na mata e experimentam um estranho prazer em ver o bicho tombar.

Mas o vandalismo propriamente dito é incomum.Na dilapidação do ambiente o fator que sem dúvida conta é a opção pelo desenvolvimento econômico. Para que o problema possa ser discutido, é preciso tomá-lo por partes. A primeira gira em torno da *sobrevivência* do indivíduo e de sua família; se as florestas do Madagáscar, as tartarugas-do-amazonas, as encostas do maciço do Himalaia ou o último refúgio do gorila-das-montanhas estão sob ameaça, os motivos remontam à falta de comida, de terra arável, de lenha. Em face deles é impossível discutir, temos de nos render. Fosse você um humilde africano, fosse seu o milharal recém-arruinado por um bando de babuínos, que interesses lhe estariam mais próximos, o bem-estar dos macacos ou da família? Para tais situações geralmente existem alternativas, desde que haja criatividade e determinação. Não é esse o caso, porém, do segundo tipo de desenvolvimento econômico, o que visa atender não mais às necessidades imediatas da população, à sobrevivência nua e crua, mas sim ao consumo do supérfluo. Este sim revela um apetite descomunal por madeiras de lei, minerais e recursos de toda a espécie. Contra essa modalidade de consumismo, que tem consequências perversas sobre o meio ambiente, a luta não é fácil.

Assim como o desenvolvimento tem seu custo, também a preservação do ambiente não se faz de graça, de sorte que por vezes fica difícil determinar qual das transações é melhor negócio. Vejamos, por exemplo, o caso da coruja malhada (que também atende por *Strix Occidentalis Caurina*), que reside nas florestas de coníferas da costa oeste dos EUA e cuja população é estimada em cerca de

O que é meio ambiente 67

2 mil casais. Em termos de espaço físico, é uma ave muito exigente; cada casal ocupa algo assim como 1.500 hectares para poder se manter. Acontece que também as madeireiras estão de olho nessas florestas e, para melhor defender seus interesses, acenam com a demissão de 3 mil empregados caso a justiça, que desde 1987 foi acionada pelos ambientalistas, não lhes permita desmatar.

Trata-se de um problema miúdo, que possivelmente ainda possa ser acomodado. Mas como é que ficamos na Amazônia? Pode-se realmente acreditar que 1,4 milhão de pessoas — a maioria uns pobres miseráveis que dependem da atividade madeireira —compartilhem minha preocupação pela sorte da arara-azul-de-lear ou seja lá o que for?

Exemplo ainda mais dramático é o da China, que nos próximos dez anos planeja dobrar a produção de energia, medida absolutamente essencial ao crescimento econômico. Três quartos dessa energia virão do carvão fóssil, único combustível disponível em abundância — mas também o que mais polui. Compreende-se que para um governo empenhado em melhorar as condições de vida de uma enorme população, a preservação do equilíbrio ecológico terá de ser de importância secundária, de forma que, se os chineses respondessem a seus críticos com um sonoro "o incomodado que se mude" eu, de minha parte, estaria do lado deles. Acontece, porém, que não resta muito espaço para onde mudar, de sorte que a conversa terá de ser outra: "Se as emissões de minhas usinas lhes causarem horror, que os incomodados me ajudem a saná-las!" (a China, como se sabe, não pertence ao clube dos países ricos). Daí que economia e ecologia sempre andam juntas. Resulta que muita gente tem a questão ambiental como insolúvel se ela não passar primeiro pelo controle da natalidade. (Se a China contasse apenas 100 milhões de habitantes — ou 200, que seja — que bom seria!) Vista de longe, a proposição até que parece válida; quando se chega mais próximo, porém, uma falha gritante aparece. Percebe-se, então, que são justamente os países de baixo crescimento populacional os maiores agressores do meio ambiente, os menos dispostos a travar os freios do de-senvolvimento selvagem. (Só para exemplificar, nesses úl-timos 75 anos os EUA multiplicaram por 60 o consumo de eletricidade, por 10 a queima de combustível fóssil).

Nessa discussão, a palavra decisiva ficou com o canadense Maurice Strong, secretário-geral em Estocolmo e no Rio: "Foi o apetite insaciável dos ricos, não o crescimento popu-lacional dos países pobres, que causou a maioria dos distúr-bios ambientais de hoje". Perfeito! — o apetite insaciável, o consumo extravagante. Já disse alguém que, se todo mundo passasse a usar papel higiênico, seria uma catástrofe ecoló-gica. O exemplo não é dos melhores, mas há outros, como é

O *que é meio ambiente*

o caso dos 15 bilhões (!) de pauzinhos de madeira (*hashis*) que a cada ano são importados para as mesas do Japão. Sem querer retomar uma antiga caça às bruxas, saída simples, mas ingênua para questões demasiadamente espinhosas e complexas, é preciso que se reconheça que a luta não é de igual para igual, que um dos contendores vem munido de armas poderosas — dinheiro, propaganda e prestígio —, enquanto nós, coitados, contentamo-nos em chamar a atenção para a justiça de nossa causa. Assim não dá: o poder econômico é forte demais. O setor petroleiro, por exemplo, não tem a menor indulgência com o meio ambiente, como ficou claro no caso do Clean-air Act dos EUA, criado a fim de estabelecer novos padrões para a emissão de poluentes. Tamanhos foram os obstáculos criados pelos *lobbies* da indústria, que os debates se prolongaram por toda uma década, até que em 1990 a legislação finalmente ficou pronta — não sem que lhe aparassem consideravelmente as asas. Outro exemplo, este um tanto cômico: na recente ECO-92 a Arábia Saudita fez tudo para se passar por inocente, tentando provar por a mais b que seu petróleo nada tinha a ver com o efeito estufa, visto que este dependia, em primeira instância, das plantações de arroz, produtoras (como, por sinal, qualquer terreno pantanoso) do gás metano.

Atitude semelhante prevalece com relação ao consumismo, tão oportunamente lembrado por Strong: se a humanidade é perdulária com os recursos da Terra, desprendida para com as condições de nossa morada, é porque para isso foi programada por interesses de terceiros. E assim aderimos aos *descartáveis* — seringas, canetas, fraldas, latas de cerveja —, abandonamos a bicicleta enferrujando num canto da garagem (o jornal já começou a promover um modelo aperfeiçoado), deixamos as luzes acesas sem necessidade, as torneiras pingando etc. etc.

Depois de seduzidos a consumir refrigerantes em lata, desodorante em *spray* e camisas de material sintético, é virtualmente impossível voltar atrás. Mas vamos admitir uma hipótese, genuíno exercício de otimismo, e imaginar que seja factível, que ainda exista cura para nossa doença. Tal fato, a renúncia ao supérfluo, poria um fim à agressão ao meio ambiente? De forma alguma. Pois o mundo está repleto de pobres e, embora no momento estejam reduzidos a migalhas, um dia também desejarão consumir, se não o supérfluo, pelo menos o necessário para uma vida mais digna. Esse mínimo é casa e comida — e mesmo papel higiênico não deveria ser considerado artigo de luxo.

De sorte que, como todo mundo concorda que o desenvolvimento econômico terá de prosseguir, inventaram uma estratégia para devolver-lhe a respeitabilidade. Ela se chama *desenvolvimento sustentável*.

Desenvolvimento sustentável

"Não herdamos a Terra de nossos antecessores, mas tomamo-la emprestada para nossos filhos."

Segundo portaria do IBAMA, para a pesca e a venda da tainha só valem exemplares com mais de 35 centímetros, isto é, os peixes adultos. Assim, ao chegar à mesa, os peixes já tiveram sua chance de procriar, de preservar-se da extinção.

Não faz muito que o termo "desenvolvimento sustentável" ingressou no vocabulário. Para falar a verdade, nada representa de inovador, é mais um chavão que aparece, a maquiagem do óbvio: para que a conta não fique zerada, o saque não pode exceder os depósitos, claro.

Assim como os peixes, também a captura do camarão tem as suas regras, sendo que aqui no Sul a SUDEPE só lhe reserva algumas semanas, janeiro ou fevereiro, conforme o ano, concluída a desova. A época de caça é igualmente predeterminada, além de restrita a animais não ameaçados de extinção: lebres, algumas espécies de marrecos e patos. Ao caçador é proibido passar da quota — "sabendo usar, não vai faltar", dizia-se alguns anos atrás. O conceito está embutido na definição: "Desenvolvimento sustentável é aquele que atende às necessidades do presente sem comprometer a possibilidade de as gerações futuras atenderem às suas próprias necessidades".

Como se sabe, o palmito é recurso de uma safra só; a parte comestível consiste no broto, que, uma vez cortado, impede o crescimento da planta. Em face da ameaça de escassez, o palmiteiro passou a ser mais bem estudado, e viu-se que bastava deixar intocadas cinquenta matrizes por hectare de mata para que as futuras safras estivessem asseguradas. Quanto à floresta amazônica, ficou provado que o desmatamento seletivo, que remove apenas os troncos, maiores, e poupa árvores ainda em crescimento, constitui uma prática capaz de atender tanto aos interesses econômicos como aos ambientais.

Embora tenha o bom senso a seu lado, semelhante estratégia também conta com um inimigo poderoso, o imediatismo, uma das características inseparáveis da condição humana. Pois que o desenvolvimento sustentável subentende também sacrifícios, embaraçosas perguntas: que devo fazer: guardar o milho para na primavera servir de semente ou usá-lo na polenta do domingo que vem? Se a fome for muita, não há quem resista ao chamado da polenta, podem estar certos.

Salta aos olhos que semelhante filosofia só fará adeptos entre pessoas convenci das de que vale a pena investir no futuro. Não a geração presente, lógico, mas aquela que daqui a dez anos terá as rédeas na mão. Daí que me empolguei com a feliz ideia de Jacques-Yves Cousteau, que, em busca de aliados para sua causa, foi procurá-los entre as crianças, induzindo-as a assinar uma petição em prol dos Direitos para as Gerações Futuras. Se tiver sucesso, é certo que o futuro da Terra estará em mãos mais *confiáveis* do que as nossas.

Soluções à vista?

"Cada um de nós deve se comportar como se tivesse dois passaportes — um, de cidadão de nossas nações, o segundo, de cidadãos do mundo."

Maurice Strong

"Sou o presidente dos EUA. Não sou o presidente do mundo."

George Bush

Embora se possa dizer, sem exagero algum, que não existe problema ambiental que não tenha solução, esta é por vezes tão complexa, tão dispendiosa, que a tentação de "empurrar com a barriga" parece irresistível. Um bom exemplo é o do lixo tóxico.

A fórmula mais simples é exportá-lo — o "colonialismo da imundície", como já foi chamada —, repassando o problema dos países industrializados para áreas do Terceiro

Mundo dispostas a dar asilo a toda sorte de resíduo venenoso — despejos da siderurgia, da indústria química, pilhas usadas e acumuladores, até mesmo a dioxina, uma séria ameaça à saúde humana. Fala-se em 1 milhão de toneladas ao ano, mas pode ser bem mais, pois esse tipo de comércio exterior não é feito às claras. As remunerações são irrisórias. Os países africanos, por exemplo, cobram aproximadamente 40 dólares por tonelada. Os primeiros a aderir foram a África e o Leste Europeu (antes da unificação das Alemanhas), em seguida a América Latina juntou-se a eles, sobretudo Guatemala, El Salvador e Honduras. Porém o alarido foi tão grande que alguns dos importadores foram forçados a desistir, obrigando os países industrializados a encontrar lugar para seu lixo dentro das próprias fronteiras, problema espinhoso que também o Brasil em breve experimentará. Contando apenas a Grande São Paulo, sobram a cada ano 200 mil toneladas de lixo tóxico, embora por enquanto ainda haja espaço para ele. (Mas como se arrumarão a Inglaterra, a Holanda, a Suíça?).

Afora ocasionais exageros e uma postura às vezes um tanto festiva, graças à sua combatividade os ambientalistas em diversas ocasiões saíram-se vitoriosos, sobretudo nos países do Primeiro Mundo: conseguem interromper a construção de usinas nucleares, salvar da extinção uma série de plantas e animais, e tamanha é a sua devoção que

O que é meio ambiente 75

hoje em dia ninguém mais se atreve a começar uma estrada ou abrir uma mina a céu aberto sem antes encaminhar um estudo do impacto ambiental.

De resto, toda vez que existe uma adequada legislação ambiental, as organizações ecológicas servem-se dela de forma impiedosa, tanto nos EUA como na Europa. Um acidente como aquele de cinco anos atrás que, em Goiânia, expôs um grupo de pessoas à contaminação pelo césio, até em Los Angeles poderia acontecer. Com uma diferença, porém: atiçadas pelos "verdes", nos EUA as vítimas reclamariam indenizações milionárias, além do que, é quase certo, altas autoridades teriam de pagar pela displicência.

Não devemos ser pessimistas: a proteção do ambiente está toda ela ao nosso alcance, pelo menos em teoria. Quanto à prática, a julgar por uma série de precedentes históricos, também ela é encorajadora. Vejam só o que aconteceu com Londres, onde, um século atrás, um total colapso do trânsito urbano era previsto, tamanho o volume de esterco de cavalo que se acumulava nas ruas! Como se sabe, o problema foi contornado mediante a tecnologia, e também foi ela que contribuiu para que o rio Tâmisa, desde o século XVI uma espécie de cloaca pública, pudesse ser recuperado para a pesca e a recreação.

Se é verdade que o desenvolvimento econômico desempenha com muita desenvoltura o papel de grande vilão da tragédia ambiental, tal acusação deve ser mais bem qualificada. Quem merece a fama, isto sim, é o desenvolvimento insensato, impensado, selvagem, casos como aquele da hidrelétrica de Balbina, por exemplo. Esta, que exigiu que uma vasta extensão de terra fosse inundada, que resultou no envenenamento das águas represadas e de seus afluentes, no fim das contas — e a um custo exorbitante — conseguiu a façanha de produzir não mais de dois quilowatts por hectare inundado, cifra que em Itaipu é quarenta vezes superior. Igualmente escandalosos são os subsídios pagos pela SUDAM visando a implantação de pastagens no solo frágil da Amazônia, iniciativa que só poderia resultar num estrondoso fracasso.

Exemplos como esses trouxeram o descrédito para os projetos de desenvolvimento econômico, mesmo os bem-intencionados. "Pelo sim, pelo não, é preferível dizer não!" — essa parece ser a posição do movimento ecologista. Quando se trata de correr em defesa do ambiente, mostra-se rápido no gatilho, propenso, sempre, ao radicalismo, esquecido de que existe uma opção, um meio-termo entre desenvolvimento e preservação. Está aí o caso da BR-364, estrada que se propõe a unir Rio Branco, no Acre, à cidade de Cruzeiro do Sul e daí direto a Trujillo, na costa do Pacífico. Pois essa rodovia, essencial para o escoamento da produção amazônica, acabou alvo de cerrados ataques. Dá para

O que é meio ambiente

entender, vistos os lamentáveis precedentes; teme-se assim, que, a exemplo da Rondônia, também o resto da BR-364 traga consigo um inaceitável impacto ambiental, tanto para o solo como para a mata e seus habitantes.

Se já não é fácil solucionar as questões *internas*, imaginem os esforços necessários para arbitrar problemas que dizem respeito não apenas a um país, mas a toda uma comunidade de países soberanos. As autoridades do Canadá, por exemplo, não têm poder de decisão sobre a chuva ácida proveniente dos EUA. Assim, terão de se limitar a inócuos protestos, seguidos de muita conversação. De resto, quando se trata de questões que envolvem um conjunto de países — ou mesmo a totalidade do planeta —, é praticamente impossível distinguir inocentes e culpados. Ninguém se dispõe a servir de réu, preferindo, em vez disso, transferir a culpa aos menos poderosos, aos países pobres, conforme demonstrado no decorrer dos debates sobre o efeito estufa.

Não é por acaso que os países ricos, sobretudo o Japão e a Alemanha, foram os pioneiros a enfrentar resolutamente seus problemas ambientais. Mediante maciços investimentos na área da poluição, o primeiro, já na década de 1980, reduziu em 60% suas emissões de monóxido de carbono e outros gases. É também do Japão o primeiro lugar no *ranking* do emprego racional dos recursos energéticos, e atualmente, por unidade de produção, despende duas vezes e meia menos energia que os EUA. (É preciso recordar que o Japão, não sendo produtor, mas importante consumidor de petróleo, não é forçado a respeitar interesses de terceiros).

Faz tempo que o instrumental foi desenhado: através do manejo adequado do solo, a erosão poderá ser controlada, a rotação de cultivos, a adubação verde e a biotecnologia, por sua vez, multiplicarão a produção de alimento, o tratamento do lixo e sua reciclagem darão conta de um importante problema urbano, e assim por diante. Resolvidos os problemas técnicos (os econômicos são uma questão ainda aberta), surge uma grande interrogação: de onde virá o dinheiro necessário para tudo isso? Pois que mesmo o *ecoturismo*, empreendimento relativamente barato, exige recursos para uma infraestrutura mínima. (Investir no turismo é uma solução bastante atraente, pois implica a preservação das riquezas naturais de uma região. Essa medida já está sendo ensaiada no Pantanal, embora em escala ainda reduzida).

Os aspectos econômicos constituíram tema de constante presença dentro da ECO-92, embora, da parte de alguns países ricos, tenham dado apenas ensejo a pretextos e subterfúgios. Sobretudo depois que ficou claro que o Terceiro Mundo precisaria de algo assim como 600 bilhões de dólares — mais ou menos a metade da dívida externa — para pôr em ordem sua morada. (Por isso mesmo uma das reivindicações do grupo era a substancial redução dessa dívida).

Como alternativa, as doze nações da Comunidade Europeia propuseram uma forma de custeio bastante original: uma sobretaxa de três dólares por barril de petróleo consumido, cifra a ser progressivamente reajustada até chegar, por volta do ano 2000, aos dez dólares. Como é mais do que sabido que tal proposição é inaceitável para a maioria de seus colegas, a proposta resulta inócua.

EM BUSCA DE UM MEIO-TERMO

> *"Nunca houve um mundo tão palavroso. É preciso cuidado com elas — as palavras".*
>
> Millôr Fernandes

Nada mais difícil para os militantes do verde que se libertar do passionalismo. Não que eu queira fazer pouco-caso de nossas emoções, pois, afinal, como guia para os objetivos de uma vida, nada mais confiável. No entanto, se elas são infalíveis quanto a apontar os rumos da viagem, se também o roteiro ficar por sua conta, o fracasso é garantido. Enquanto estratégia, a razão é bem mais gabaritada; não basta amar o verde para intitular-se ecologista.

Embora animado das melhores intenções, sei que me exponho à indignação do público leitor. Mas estejam certos de que estamos do mesmo lado; se me derem a escolher, infalivelmente optarei por D. Quixote de la Mancha, uma das poucas figuras da literatura a combinar o ridículo com o sublime:

> "Sonãr en lo imposible...
> Luchar contra el enemigo invencible...
> Alcanzar las estrellas inaccesibles..."

O respeito pela natureza é uma conquista da civilização. De fato, dos primeiros colonizadores até o presente século a Terra era tida como inimiga, logo tinha de ser domada, subjugada, para maior felicidade do animal homem. Atitude que reflete o temor do desconhecido — mares nunca antes navegados, sinistras florestas repletas de feras, pântanos que tragavam, tufões que arrasavam tudo o que encontravam pelo caminho. Daí o machado, as armas de fogo. Até bem pouco tempo a tradição ditava que o mundo fora criado com vistas no exclusivo bem da espécie humana, mesmo que as demais tivessem de pagar um alto preço.

Ao contrário dos hindus e dos budistas, que tinham a natureza como sagrada, o cristianismo encorajava o extermínio:

> "Tremam e tremam em vossa presença todos os animais da terra, todas as aves do céu, e tudo o que tem vida e movimento. Em vossas mãos pus todos os peixes do mar. Sustentai-vos de tudo o que tem vida".
>
> Gênesis, IX, 2-3

Não se pode afirmar que semelhante atitude tenha, do dia para a noite, desaparecido da face da Terra. Ainda assim a prepotência humana, por assim dizer, não é mais tão ostensiva, coisa natural, motivo até de ufanismo. Embora as causas sejam múltiplas, os movimentos ecológicos sem dúvida tiveram uma participação importante. Se atualmente *ecologia* e *meio ambiente* são termos que correm mundo, tanto entre as rodas ditas intelectuais como nos lares mais humildes, é aos militantes do verde que o devemos. Seu poder de fogo é impressionante: do Gabão a Nova York ouve-se a grita, as denúncias — os *diagnósticos* mais que certeiros, a *terapêutica* nem tanto assim.

No hemisfério norte os ambientalistas já passaram das palavras para a ação, combativos como sempre, até por meio de intervenções que, aos olhos dos oponentes, tomam feições de atentados terroristas. Não há o que escape às suas atenções, da baleia-azul às usinas atômicas, das plataformas de petróleo no Mar do Norte aos experimentos com animais de laboratório. Com relação a este último item, mostram-se intransigentes e recusam o diálogo. Negam-se a dar ouvidos quando lhes demonstram que tais experimentos são fundamentais para o desenvolvimento de novos medicamentos e assim, de tanto insistir, já conseguiram que fossem adotadas alternativas para o uso do rato-branco ou do cachorro, os experimentos em tubo de ensaio, por exemplo, os testes realizados em culturas de tecido.

Não faz muito tempo que a ecologia e o meio ambiente eram assunto reservado aos naturalistas, uma pequena e seleta elite de cientistas (ou mesmo amadores) que vagava por matas e campos colecionando plantas, capturando animaizinhos em suas redes. Em meados deste século, porém, começou uma era de turbulenta militância, dentro da política, no movimento feminista, com relação ao meio ambiente. De repente, eram centenas de milhares descobrindo que tinham vocação para a ecologia. Seu entusiasmo era comovedor.

Outros, porém, têm dificuldades em conviver com eles — ecomaníacos!, ecofanáticos!, e mesmo eco-fascistas! são alguns dos rótulos que se ouvem. São acusados de se interessar mais pelo urso-panda que pelos apertos pelos quais passam as populações curdas no Iraque, no Irã e na Turquia.

Calúnia — replicam os entusiastas, e, ato contínuo, exibem seu largo currículo de ações em defesa das populações indígenas.

Correto, é grande sua preocupação com a sorte dos índios. Mas isso também poderá servir de perfeito exemplo do que falei acima, dos ocasionais descaminhos do discurso ecológico, dos erros de estratégia, dos objetivos mal formulados. Toda vez que determinada causa, por mais nobre que seja, passa por propriedade privada de um grupo ideologicamente distinto — o resto da nação sendo assim excluído dos debates —, sua solução vê-se retardada.

Vamos pôr os pés em terra firme: o problema do indígena é uma questão de respeito humano, de cidadania, e, como tal, responsabilidade de todos nós. Os direitos do índio estão assegurados pela Constituição. Logo, se esta for desrespeitada, não é aos "verdes" que deveremos recorrer, mas à polícia.

Não basta amar a natureza para intitular-se ecologista; no máximo, chega-se a ser um interessado, um curioso, um — por que não? — esportista. Ecologia é curso de nível superior, igual ao de médico ou advogado; são quatro anos suados, tempo para adquirir alentada bagagem de conhecimentos técnicos, bem como uma visão global dos problemas que afligem o planeta Terra. Eu e você, porém, aderimos à militância em razão da beleza, da harmonia, do amor, arrastados, quem sabe, pelo inconformismo ou até pela novidade da coisa. Com isso, ficamos à mercê do emocionalismo, às vezes erramos, com frequência exageramos.

Como é sabido, entramos numa época de franco recrudescimento do misticismo, ao mesmo tempo em que, no mundo todo, a ciência se vê desacreditada. É natural que o fenômeno não iria poupar os militantes do movimento verde, cuja propensão a "alternativas" de todo gênero, seja no campo da saúde, seja na alimentação, é bem conhecida.

Uma delas é a insistência quase fanática em alimentos "naturais", isto é, livres de pesticida e adubo "químico". Ora, o adubo orgânico disponível, o esterco e a compostagem, não dá nem para uma décima parte, se tanto, da área plantada; de resto, é preciso que fique bem claro que os ingredientes do adubo ensacado são os mesmíssimos encontrados no solo, embora em concentração diversa. Com relação aos agrotóxicos, temos de lembrar que as próprias plantas encerram centenas de defensivos contra insetos predadores ou mesmo mamíferos. Repito: as plantas têm seus próprios venenos; metade desses produtos tem comprovado potencial carcinógeno, outros são meramente tóxicos quando ingeridos em excesso. Os brócolis contêm meia dúzia desses defensivos; a semente da maçã, com um respeitável teor de cianeto, já foi responsável por diversos acidentes mortais!

A emoção é péssima conselheira — em certos assuntos é mais prudente viver de pé atrás. Por exemplo, tão sedutor é o apelo das culturas tradicionais que basta se tratar de uma planta do mato, há séculos fazendo parte da farmacopeia de alguma tribo remota, para que logo seja promovida a recurso alternativo, a remédio milagroso. (Mas o caminho não é por aí).

Não posso deixar de incluir aquela figura temível, do tipo rápido no gatilho, que à menor provocação faz a ligação entre os fatos que ouve, as notícias que lê, mesmo que para tal tenha de juntar alhos e bugalhos. Num abrir e fechar de olhos descobre uma sinistra conspiração, uma perversa trama de forças, interesses escusos por toda a parte. Ouve dizer que um ou dois leões-marinhos foram dar mortos na praia, que perto dali viram uma centena de peixes boiando de barriga para cima; logo mais — zástrás! — tem em mãos a explicação. — Você está lembrado do navio que afundou, dez anos atrás, mais ou menos no mesmo local? Pois é, tenho de boa fonte que sua carga consistia em milhares de barris de agrotóxico, multinacional, é lógico!

Esse tipo de pessoa, que vive trocando a ciência pela fé, é um risco para a própria comunidade verde, cuja credibilidade vem a sofrer. Seus inimigos depois dirão que esses tais ecologistas nunca ouviram falar de *maré vermelha*, fenômeno comum nos mares tropicais que se deve à periódica proliferação de um organismo unicelular, produtor de um poderoso veneno.

O que é meio ambiente 87

A ecologia certamente possui sua própria ética, conforme demonstrado pelo exemplo acima, o dos experimentos com animais. Isso é muito bom, até a enriquece, desde que a ética não faça plantão de 24 horas. Tenho a certeza de que todos nós já procuramos acabar com um incômodo ninho de saúvas, lá no jardim de casa, ou mandamos desinsetizar nossa casa.

Quanto aos aspectos *estéticos*, os que envolvem a beleza, a harmonia do meio ambiente, todo cuidado é pouco. Lembro-me de um episódio, anos atrás, numa noite de luar. À beira da Lagoa dos Patos, um grupo de manifestantes protestava contra a poda das árvores de um conhecido balneário. Que desperdício de talento! Era só perguntar que ficariam sabendo que se tratava de um hábito adquirido dos imigrantes portugueses, que na Europa era assim que se forçava o crescimento de galhos novos, de diâmetro adequado a um fogão caseiro. Logo, era uma prática que tinha implicações econômicas, sem nenhum prejuízo para a planta.

Também é comum ouvir falar em "poluição sonora" — o exagero dos alto-falantes — ou em "poluição visual" — os *outdoors* que enfeiam a paisagem. A mim irritam profundamente, mas será que é atribuição dos ecologistas?

Um pouco de profissionalismo também não faria mal às autoridades, que não raro se mostram afoitas demais.

A questão da chuva ácida no Uruguai, por exemplo, por quanto vaivém já teve de passar nesses últimos meses! Uma vez divulgada pela imprensa, logo depois foi retificada por alguns cientistas: a poluição em Melo tanto podia ser oriunda de Candiota como das usinas do porto do Rio Grande — ou mesmo ter sido trazida lá de Buenos Aires, nas asas de ventos favoráveis. Ainda ninguém tinha a resposta em mãos — o que, porém, não impediu que os dois chefes de Estado (Brasil e Uruguai) se reunissem ao redor de uma mesa e aí, bem no foco dos fotógrafos, jurassem solucionar a querela em tempo recorde. Logo depois surgiram novos informes, transportando-nos de volta à origem: na verdade, ninguém sabe nem mesmo se existe chuva ácida no Uruguai, visto que até o momento (setembro, 1992) a falta de condições materiais impediu estudos mais pormenorizados! Mais uma vez a versão se antecipou à verdade.

Também no caso das reservas extrativistas, exibidas ao mundo como inestimável contribuição ao desenvolvimento sustentado, houve muita precipitação. Pois agora ficamos sabendo que por enquanto só cinco desses assentamentos estão concluídos, que mesmo as escassas 20 mil almas que delas pretendem sustentar-se estão em apuros. A reserva de Xapuri já pensa em exportar sua castanha para o Paraná, para fins de merenda escolar: "Essa foi a fórmula encontrada para evitar que a usina de benefi-ciamento da castanha seja fechada por falta de opções para o escoamento do produto".

Para que o meio ambiente possa ser salvo, é preciso que lapsos deste tipo — a demagogia, a precipitação, o emocionalismo, a falta de profissionalismo — sejam cor-rigidos. É preciso, sobretudo, que os movimentos ecoló-gicos saibam se livrar da multidão de caronas que gravitam à sua, volta: empresários buscando promoção para seus produtos *ecocompatíveis*, políticos em busca de um discurso *ecossimpático*, roqueiros em baixa de ibope, ansiosos por serem fotografados ao lado de algum pajé beiçudo.

Quanto ao resto, está tudo bem.

INDICAÇÕES PARA LEITURA

Chegada a hora de aconselhar àqueles com curiosidade para aprofundar seus conhecimentos, vejo-me em apuros. Não que faltem obras dignas de ser recomendadas, mas precisamente o contrário — porque há obras em demasia. Assim, o autor, forçado a uma ligeiríssima citação bibliográfica, corre o risco de passar por injusto ou precipitado. Logo, inicio por declarar, alto e bom som, que a lista que segue fatalmente terá de ser arbitrária, limitada a uma amostra dos volumes que me passaram debaixo dos olhos e foram julgados adequados.

Principio, mais uma vez, recomendando que assinem *Ciência Hoje*, revista altamente conceituada, da Sociedade

Brasileira para o Progresso da Ciência. Embora se trate de uma publicação de interesses ecléticos, sem querer o carro-chefe acaba sendo a ecologia e as questões ambientais. As ilustrações são de primeiríssima qualidade, e a linguagem costuma ser simples e acessível ao leigo.

A seguir, temos um pequeno livro editado em 1990 pela Brasiliense: *SOS planeta Terra*, de José Goldemberg. Ocupa-se particularmente da poluição ambiental e do efeito estufa, conseguindo tanto a profundidade como uma linguagem acessível. Excelente obra!

Gaia, o planeta vivo (Porto Alegre, L&PM Editores, 1990) trata do mesmo tema, mas — como, aliás, já se espera, sendo o seu autor José Lutzemberger — seguindo uma linha mais romântica, apaixonada.

Outra obra rica em detalhamento é *Queimadas na Amazônia e efeito estufa*, de Volker W. J. H. Kirchhoff (São Paulo, Ed. Contexto, 1992). Esse, aliás, é um dos pesquisadores que frequentemente comparecem às páginas de *Ciência Hoje*.

Agora, se o leitor está à procura de uma visão mais ampla, mais panorâmica da questão, tenho a recomendar *Ecologia geral*, de Roger Dajoz (4ª edição, Petrópolis, Vozes, 1983), bem como esta obra magnificamente ilustrada que é *Salve a Terra*, de Jonathan Porritt (São Paulo, Ed. Globo/Círculo do Livro, 1991).

SOBRE O AUTOR

Já fiz de quase tudo em minha vida, de fotógrafo de moda a médico, passando por desenhista, engenheiro e agricultor (fracassado). Em 1955, com diploma novinho da USP, finalmente pensei ter a estabilidade ao meu alcance.

Depois de um ano no interior de Pernambuco, na chefia de uma Unidade de Saúde, voltei ao Hospital das Clínicas, dividindo o tempo entre a pesquisa, o ensino e o exercício da Medicina. Foram anos excelentes, bruscamente interrompidos em 1964.

Retornei, assim, à vida de cigano: um ano na Universidade de Chicago; turismo científico por conta da Organização

Mundial de Saúde, na Suíça e meia dúzia de países da África; três anos como pesquisador do Ministério da Saúde, encarregado de trabalhos de campo em Minas Gerais, Bahia e estados do Nordeste.

Até o dia em que um amigo me telefonou informando que em Mogi das Cruzes, escola nova, precisavam de alguém para ensinar medicina preventiva. Assim, por volta de 1970, comecei uma nova fase, que até o momento rendeu nove livros e perto de uma centena de outras publicações. Mais que isso, me deu a oportunidade de conhecer de perto cinco "educandários" médicos, motivo pelo qual a essas alturas nada mais me surpreende. Por fim, o mais importante: o contato e a amizade com algumas gerações de estudantes que, dado o ambiente reinante no meio universitário, são dignos de muita comiseração.

Este é meu quarto livro na coleção Primeiros Passos. O tema dos dois primeiros (medicina preventiva, contracepção) é decorrência natural do exercício da profissão, e mesmo o terceiro (*O que é superstição*) não chega a surpreender, pois passei os últimos anos a estudar e combater (confesso que sem grandes resultados) a superstição, dentro e fora do campo da saúde. Diante deste último volume, porém, vocês coçarão a cabeça, desconfiados de terem caído na mão de um diletante. "Que entenderá um médico de ecologia, de meio ambiente?", perguntarão.

Explico: desde a infância o ambiente familiar favorecia o culto da natureza, a vida ao ar livre; o meio universitário propiciou pesquisas sobre os parasitas causadores de doença, no laboratório e nas áreas endêmicas; por último, os quinze anos passados em Pelotas, em contato diário com uma flora subtropical e uma riquíssima fauna, fortaleceram meu interesse por questões ambientais e conduziram ao estudo e à participação ativa no movimento ecológico.

Há alguns meses subitamente me vi aposentado. Sem a mínima vontade de me recolher ao tal aposento, já tivera tempo para fazer meus planos: dedicaria meus dias a estudar os crustáceos da Lagoa dos Patos e, se ainda me aceitassem, quem sabe me inscrevesse no curso de Oceanografia, em Rio Grande? Mas...

Mas o destino não respeita roteiros, por mais lindos que sejam. Desde junho estou de volta a São Paulo, agora assessor da Prefeitura Municipal de Santos. Em Santos sou amigo do rei: o Capistrano é velho companheiro, a equipe é maravilhosa; criatividade, entusiasmo e dedicação estão na ordem do dia. (Lamento, mas os crustáceos vão ter de esperar sua vez).

Impresso em: Dsystem Indústria Gráfica.